Naturwissenschaftliche Elementarbücher.

Physikalische Geographie

von

A. Geikie,

Professor der Geologie an der Universität Edinburg.

Deutsch von Oskar Schmidt,

weiland Professor an der Universität Straßburg.

Nach der neuesten englischen Ausgabe

bearbeitet von

Georg Gerland,

Professor der Geographie an der Universität Straßburg.

Sechste verbesserte und vermehrte Auflage.

Mit Abbildungen und einem Anhang von Fragen und Aufgaben.

Straßburg.

Verlag von Karl J. Trübner.

1907.

Druck von M. DuMont Schauberg, Straßburg.

Vorwort zur deutschen Ausgabe.

Der deutschen Schule wird hiermit eine Reihe von Leitfäden zur Einführung in die Naturwissenschaften geboten, welche durch hervorragende Eigenthümlichkeiten sich empfehlen.

Die berühmtesten Gelehrten Englands haben sich zusammengethan, um, jeder in seinem Fache, aber in übereinstimmender Behandlung, die Schuljugend zur Beobachtung, zum Nachdenken über die alltäglichen Erscheinungen der Außenwelt anzuleiten und sie mit der Natur, in welcher wir wurzeln, vertraut zu machen. Sie sind, und wir mit ihnen, überzeugt, daß das Beste gerade gut genug für die Schule ist, und daß die Anforderungen, welche die Neuzeit auf erweiterte Pflege der Naturwissenschaften erhebt, nicht damit sich erfüllen, daß systematische, schwer zu bewältigende Übersichten gegeben werden. Dagegen wird die Freude an der Natur und der Drang nach dem Verständnis der Erscheinungen dadurch geweckt und genährt, daß wir, von der nächsten Umgebung und den einfachsten Thatsachen ausgehend, unsere Anschauungen und unsern Gesichtskreis nach Maßgabe des selbst Beobachteten und Verglichenen erweitern.

So gestaltet sich diese Einführung in die Naturwissenschaften zu einer höheren Stufe des Anschauungsunterrichts, zu einer Anleitung zum Denken und Schließen.

Daß es so sein müsse, darüber ist man ja schon längst einig; aber noch nie sind unserer Schule so gediegene Hülfsmittel geboten worden, in denen unter der einfachsten und verständlichsten, zugleich das Gemüt erfreuenden Einkleidung die Resultate der Wissenschaft durchblicken.

Straßburg, im September 1876.

Oskar Schmidt.

Vorwort zur vierten Auflage.

Da die neueste englische Ausgabe durch Umarbeitung und Vermehrung manche nicht unwesentliche Verbesserung erhalten hat, so war es notwendig, daß die vierte deutsche Auflage dem neugestalteten englischen Original angepaßt wurde. Bei dieser Gelegenheit ist der gesamte deutsche Text einer genauen Revision unterzogen worden. Kleine Abweichungen vom Original, welche sich hier und da finden, beruhen auf absichtlicher Änderung.

Straßburg, im März 1893.

Georg Gerland.

Vorwort zur sechsten Auflage.

Auch in die sechste Auflage sind die Umänderungen und die Vermehrungen der neuesten englischen Ausgabe ergänzend eingetragen, nebst einigen eigenen Zusätzen, die durch die Naturereignisse der letzten Jahre bedingt sind.

Straßburg, im November 1906.

Georg Gerland.

Inhalt.

Physikalische Geographie.

Einleitung.

1. Laßt uns annehmen, daß zur Sommerzeit eine Anzahl junger Leute, zu denen auch wir gehören, einen Tag festgesetzt haben, an dem sie einen Ferienausflug ins Freie unternehmen wollen. Einige wollen Feld- und Waldblumen suchen, andere Steine sammeln, und noch andere gehen nur mit, um den freien Tag und die Freuden und Erlebnisse zu genießen, die er bringen soll. Bald nach Sonnenaufgang des verheißungsvollen Tages sind wir alle wach, und groß ist unsere Freude, zu sehen, daß der Himmel klar ist und die Sonne scheint. Es wird jedoch bestimmt, daß wir erst nach dem Frühstück aufbrechen, und bis dahin beschäftigen wir uns mit Zurechtmachen der Körbe, Stöcke und anderer Dinge, die wir heute gebrauchen wollen. Aber die Klarheit des Morgens beginnt sich zu trüben, die paar Wolken, die wir zuerst sahen, sind zu großen, schweren Massen geworden und scheinen sich zu einem Gewitterguß zusammenzuziehen. Und richtig, ehe das Frühstück vorüber ist, beginnen die ersten verhängnisvollen, dicken Tropfen zu fallen. Wir halten an der Hoffnung fest, daß es nur ein Schauer ist, der bald

vorüber sein wird, und fahren mit den Vorbereitungen für den Ausflug fort. Aber der Regen zeigt keine Neigung, bald wieder aufzuhören. Die dicken Tropfen fallen dichter und schneller; kleine Wasserlachen sammeln sich in den Vertiefungen des Weges, und an den Fensterscheiben strömt der Regen herab. Mit betrübtem Herzen müssen wir alle Hoffnung aufgeben, heute noch den Ausflug zu machen.

2. Es ist ohne Zweifel sehr ärgerlich, in dieser Weise enttäuscht zu werden, gerade als das versprochene Vergnügen uns schon so gut wie sicher war. Doch wir wollen sehen, ob wir nicht durch das schlechte Wetter selbst einigen Ersatz gewinnen können. Am späten Nachmittag klärt sich der Himmel etwas, und der Regen hört auf. Wir sind froh, wieder hinaus ins Freie zu können und machen uns alle auf den Weg. Ströme von schmutzigem Wasser laufen noch den abschüssigen Weg herunter. Darf ich der Führer sein, so schlage ich vor, zum benachbarten Flusse zu gehen. Wir schreiten über nasse Fußpfade, wo noch von jedem Baum, jeder Hecke die Nässe tropft, bis wir die Brücke erreichen und den Fluß unter uns sehen. Was für eine Veränderung dieser eine Regentag hervorgebracht hat! Gestern konnten wir fast die Steine zählen, wenigstens an den seichteren Stellen: so wenig tief und so klar war der Wasserlauf. Aber nun betrachtet ihn heute! Das Wasser füllt das Flußbett von Ufer zu Ufer und fließt schnell dahin. Wir wollen es ein wenig von der Brücke aus beobachten. Während es vorbeifließt, sehen wir unzählige Blätter und Zweige auf der Oberfläche schwimmen. Dann und wann kommt

ein größerer Ast oder selbst ein Baumstamm, treibend und rollend in der Flut. Haufen von Stroh oder Heu, Bretter, Teile von hölzernen Zäunen, manchmal eine arme Ente, die vergebens gegen den Strom ankämpft, kommen an uns vorüber und zeigen, daß der Fluß über sein Bett gestiegen ist und den in seinem Bereich liegenden Gehöften Schaden gebracht hat.

3. Wir verweilen einige Zeit auf der Brücke und beobachten das unabläßig tobende Schießen des Wassers und die Mannigfaltigkeit der Gegenstände, die der Strom hinunterträgt. Vielleicht lohnt es sich doch, unsern Ferientag zu opfern, um den großartigen Anblick dieses wilden und angeschwollenen Flusses zu haben, der mit dem mächtigen Schwall seines dunklen Wassers brausend dahinrauscht. Während der Vorgang noch frisch vor unsern Augen ist, wollen wir uns einige ganz einfache Fragen über ihn vorlegen; dabei finden wir vielleicht noch mehr Ursache, uns über das Mißlingen des versprochenen Spazierganges zu trösten.

4. Erstens: woher kommt diese vermehrte Wassermasse des Flusses? Nun, der Regen brachte sie. Wie fand aber der Regen seinen Weg in diesen breiten Kanal? Warum verläuft das Regenwasser nicht auf der Erde, ohne einen Fluß zu bilden?

5. Die zweite Frage ist: woher kommt der Regen? Am frühen Morgen war der Himmel klar, dann stiegen Wolken auf, und hernach kam der Regen; also brachten die Wolken den Regen. Aber woher kommen die Wolken, und wie sammeln sie den Regen und lassen ihn auf die Erde herabfallen?

6. Drittens: was ist die Ursache, daß der Fluß

gerade in einer bestimmten Richtung fließt und nicht in einer andern? Als das Wasser niedrig war und man es, von Stein zu Stein springend, fast trockenen Fußes überschreiten konnte, war die Strömung zwar schwach, aber doch noch ganz gut bemerkbar. Man konnte sehen, daß das Wasser in seinem Bett floß, immer in derselben Richtung. Und jetzt, wo das Flußbett durch diesen brausenden Strom von dunklem Wasser angefüllt ist, sehen wir, daß die Richtung der Strömung noch dieselbe ist. Können wir erklären, woher dies kommt?

7. Ferner war gestern das Wasser klar, heute ist es dunkel und mißfarbig. Wir wollen ein wenig von diesem schmutzig aussehenden Wasser mit nach Hause nehmen und es die Nacht über in einem Glase stehen lassen. Am nächsten Morgen finden wir es klar, während eine Lage von feinem Schlamm sich auf den Boden des Glases abgesetzt hat. Wenn wir das Glas schütteln und den Schlamm aufrühren, so wird das Wasser wieder schmutzig, wie es im Flusse war. Es ist also Schlamm, der den angeschwollenen Fluß trübt. Woher kam aber dieser Schlamm? Jedenfalls hängt er mit dem heftigen Regen und dem hohen Wasserstande des Stromes zusammen.

8. Also, dieser Fluß, mag er nun seicht oder angeschwollen sein, bewegt sich stets nach ein und derselben Richtung, und der Schlamm, den er trägt, wird demselben Ziele zugeführt, wohin der Fluß eilt. Während wir auf der Brücke stehen und das schäumende Wasser beobachten, wie es bei uns vorbeirauscht, steigt die Frage in uns auf: was wird wohl aus dieser unermeßlichen Menge von Wasser und Schlamm?

9. Vergessen wir hierbei nicht, daß unser Fluß nur einer von vielen Hunderten ist, die in unserm Lande strömen, und daß in andern Ländern noch viele tausend Flüsse sind, an denen man dasselbe sehen kann, was wir heute beobachtet haben. Sie sind alle in beständiger Bewegung, alle schwellen an, wenn starke Regengüsse kommen, und tragen mehr oder weniger Schlamm mit sich fort.

10. Es wird gut sein, auf dem Heimweg einige Hauptpunkte unserer heutigen Erfahrungen zusammen zu fassen. Wir haben gesehen, daß der Himmel manchmal klar und blau ist und die Sonne hell und warm scheint; daß manchmal Wolken über den Himmel ziehen und, wenn sie sich sammeln, Regen zu kommen pflegt. Wir haben gesehen, daß ein Strom fließt, daß er bei heftigem Regen anschwillt, und daß er angeschwollen trübe und schlammig ist. Auf diese Weise haben wir gelernt, wie eng die Verbindung ist zwischen dem Himmel über uns und der Erde zu unsern Füßen. Am Morgen schien es uns von keiner Bedeutung, daß sich am Himmel Wolken sammelten: ehe jedoch der Abend kam, verursachten diese Wolken nach und nach das Anschwellen des Flusses und das Forttreiben von Bäumen, Zäunen und Feldfrüchten; ja sie können sogar Brücken zerstören, Felder, Dörfer und Städte überschwemmen und das Leben der Menschen sowie ihr Eigentum gefährden.

11. Wer in einer großen Stadt lebt und keine Gelegenheit hat, Vorgänge auf dem Lande zu sehen, der bildet sich natürlich leicht ein, daß ihn solche Dinge nicht interessieren können, und daß es ihm unmöglich sei, mit

eigenen Augen zu sehen, wie die Natur arbeitet. Aber auch ihm bieten sich solche Gelegenheiten. Über Regen und Wasserläufe z. B. kann er auch in den Straßen einer Stadt viel lernen. Fangen wir Regen in einer Schüssel auf, so ist es reines Wasser. Aber wenn dies Wasser in den Gossen fließt, wie schmutzig ist es! Es hat den feinen Staub, den Räder und Füße von den Pflastersteinen abrieben, hinweggeschwemmt. So wird jede Gosse dem angeschwollenen Fluß ähnlich. Man kann auch beobachten, wie Strohhalme, Flaschenkorke, Holzstückchen und andere leichte Dinge, die auf der Straße lagen, weggeführt werden, genau wie die Baumstämme von dem Fluß davongetragen wurden. Auch in einer Stadt können wir also wahrnehmen, wie Veränderungen am Himmel zu Veränderungen auf der Erde führen.

12. Bei einigem Nachdenken werden uns manche andere Beispiele einfallen, wie die gewöhnlichen Dinge des alltäglichen Lebens mit einander zusammenhängen. So weit unsere Erinnerung reicht, sind wir mit Dingen, wie Sonnenschein, Wolken, Wind, Regen, Flüssen, Frost und Schnee vertraut, und sie scheinen uns so selbstverständlich, daß es uns nie eingefallen ist, über sie nachzudenken. Wir können uns kaum vorstellen, daß sie anders wären, als sie sind; sie scheinen in der Tat so natürlich und so notwendig, daß wir sogar erstaunt sein würden, wenn jemand uns nach einem Grund für sie fragte. Hätten wir aber unser ganzes Leben in einem Lande zugebracht, wo es niemals regnet, und kämen wir dann zu einem solchen Regenwetter, wie wir es heute beobachteten, würde es uns nicht sehr merkwürdig

vorkommen, und würden wir nicht nach seiner Bedeutung fragen? Oder wenn ein Knabe aus einer sehr heißen Gegend ein Land im Winter besuchte, wo er zum erstenmal Schneegestöber und fest gefrorene Flüsse sieht, würde es uns überraschen, wenn er große Verwunderung zeigte? Und wenn er uns bäte, ihm zu sagen, was Schnee ist, warum die Erde so fest und die Luft so kalt ist, warum die Ströme und Seen mit Eis bedeckt sind — könnten wir diese Fragen beantworten?

13. Und doch beziehen sich diese Fragen nur auf ganz alltägliche Dinge. Wenn wir darüber nachdenken, merken wir vielleicht, daß die Antworten gar nicht so leicht zu finden sind, wie wir dachten. Wir dürfen nicht glauben, daß eine Sache kein Interesse für uns hat, weil sie gewöhnlich ist. Es ist kein Ding zu gewöhnlich, um unsere Aufmerksamkeit nicht zu verdienen und unsere Bemühungen, es zu verstehen, nicht zu lohnen.

14. Im folgenden, so möchte ich vorschlagen, wollen wir einige dieser gewöhnlichen Dinge betrachten. Indessen ist es nicht meine Absicht, bestimmte Lehren hinzustellen, die gelernt, oder eine Liste von Namen und Zahlen zu geben, die dem Gedächtnis eingeprägt werden müssen. Vielmehr wollen wir uns anregen, selbst umherzuschauen und nach unseren Kräften die Bedeutung dessen, was wir sehen, zu ergründen. Nicht was in diesem Büchelchen oder in anderen Büchern gesagt ist, soll uns genügen, vielmehr wollen wir uns gewöhnen, unsere eigenen Augen zu gebrauchen, um zu sehen, was in unserer wundervollen Welt vor sich geht. Überall um uns her ist reichlicher Stoff für diese höchst lohnende Untersuchung. Kein Ausflug, den wir jemals zum Ver-

gnügen oder zur Zerstreuung unternahmen, auf den Fluß, in den Wald, ins Gebirg, wird uns innigere Freude bereiten als ein solcher Spaziergang mit offenen Augen und Ohren, um die Lehren aufzunehmen, die uns jeder Tag und jede Landschaft darbietet. Wir dürfen nicht vergessen, daß es außer den gedruckten Büchern, die wir zu Hause oder in der Schule benutzen, noch das große Buch der Natur gibt, in dem jeder von uns, alt oder jung, lesen und das ganze Leben hindurch lesen kann, ohne auch nur einen kleinen Teil dessen, was es uns lehrt, zu erschöpfen.

15. In dieses große Buch — Luft, Erde und Meer — wollen wir blicken. Wir wollen nicht zufrieden sein mit der bloßen Bemerkung, daß sich diese und jene Dinge ereignen. Um z. B. zu unserem angeschwollenen Fluß zurückzukehren: wie dürfen kein Ereignis wie einen Sturm oder eine Überschwemmung vorübergehen lassen ohne den Versuch, eine Erklärung dafür zu finden. Wir müssen uns angewöhnen, Fragen an die Natur zu stellen, wie wir es auf unserem Spaziergang taten. Auf diese Art wird selbst die gewöhnlichste Sache neues Interesse für uns gewinnen. Wo wir gehen, wird etwas zu bemerken sein, und zwar etwas, das die Freude, die uns sonst eine Landschaft bereitet, noch vergrößert. So lernen wir unsere Augen schnell und richtig gebrauchen; diese Gewohnheit der Beobachtung wird für uns vom größten Wert sein, welcher Lebensweg auch vor uns liegt.

16. Im folgenden werden wir lernen, welche Art von Fragen wir über einige Hauptteile des Buches der Natur zu stellen haben, besonders über zwei davon

— die Luft und die Erde. Jeder von uns sollte über die Luft, die wir atmen, und über die Erde, auf der wir leben, sowie über ihre Beziehungen zu einander etwas wissen. Unser Spaziergang zeigte uns einige dieser Beziehungen, indem er uns in den Stand setzte, die Zerstörung von Zäunen und Gehöften mit der Wolkenbildung am Himmel zu verbinden. Es bleiben uns noch viele andere Beziehungen aufzufinden. Indem wir diese verfolgen, sind wir in Wahrheit mit Wissenschaft beschäftigt, und zwar mit dem Wissenschaftsgebiet, das man physikalische Geographie nennt, und das die Erde mit allen auf ihr vorgehenden Bewegungen zu beschreiben sucht. Der Gegenstand dieser Wissenschaft ist weder zu schwer noch uninteressant. Wir brauchen nur aufmerksam die Veränderungen, die fortwährend um uns her vor sich gehen, zu beobachten und müssen suchen, die Ursachen dieser Veränderungen sowie ihre Beziehungen zu einander herauszufinden.

Die Gestalt der Erde.

17. Ehe wir die Vorgänge auf der Oberfläche der Erde beobachten, ist es ratsam, daß wir uns erst eine klare Vorstellung von der Gestalt der ganzen Erde als eines Körpers machen und uns den Zusammenhang zwischen der Erde und der Sonne vergegenwärtigen.

18. Wenn wir in der Mitte einer ausgedehnten, flachen Gegend stehen oder auf das weite Meer blicken, so scheint uns die Erde, auf der wir leben, eine große Ebene zu sein, deren Rand wir erreichen könnten, wenn wir weit genug gingen. Dies ist der erste Begriff, den wir alle als Kinder haben, und er war in früheren

Zeiten der feste Glaube der Menschheit. Ehemals glaubte man auch, daß die Sonne und der Mond nur zum Nutzen der Menschen auf- und untergingen; den Himmel mit all' seinen Sternen hielt man für eine große kristallene Kuppel, die sich über der Erde wölbe und auf ihr ruhe.

19. Wir können aber leicht uns selbst beweisen, daß sich das Auge über die Flachheit der Erde täuscht, und daß in Wirklichkeit gewölbt ist, was uns flach erscheint. In einer weiten flachen Gegend kann man die Häuser und Bäume nicht weiter als auf eine oder zwei Meilen sehen. Wenn wir auf einen Kirchturm steigen, so kommen uns manche Gegenstände in Sicht, die man vom Erdboden aus nicht sehen konnte. Und wenn vielleicht in der Nähe unseres Standortes eine Hügelreihe ist, so bemerken wir von ihren Gipfeln noch eine größere Anzahl von Punkten, die vorher verdeckt waren. Je höher wir daher über den Erdboden empor steigen, desto weiter können wir sehen.

20. Ferner: nehmen wir an, wir ständen an der Küste des offenen Meeres, am Fuß eines mächtigen Felsens, von wo aus wir die Segel eines entfernten Schiffes beobachten. Wenn wir die Spitze des Felsens erklimmen, werden wir nicht nur die Segel, sondern auch das ganze Schiff sehen, und unser Auge wird wahrscheinlich noch weiter entfernte Schiffe erkennen, die längs der Linie, wo Himmel und Meer zusammenstoßen, wie bloße Punkte aussehen, und die wir vom Strande aus gar nicht sehen konnten.

21. Wir wollen von der Spitze des Felsens diese Schiffe eine Zeitlang beobachten. Einige von ihnen, die zuerst

soweit entfernt waren, daß man sie kaum sah, werden größer und deutlicher. Erst erscheinen die Spitzen der Maste und Segel, nach und nach die ganzen Segel, bis zuletzt der Rumpf sichtbar wird. Diese Schiffe scheinen über die Linie gesegelt zu sein, die uns als das Ende der Welt erschien.

Fig 1. — Verschwinden eines Schiffes auf dem Meere, infolge der kugelförmigen Oberfläche der Erde.

22. Dagegen segeln einige der Schiffe, die uns zuerst nahe waren, allmählich in die Ferne. Ihr Rumpf scheint in das Meer zu tauchen; dann versinken langsam die Segel, und schließlich ist jede Spur der Schiffe verschwunden.

23. Indem wir dies beobachten, haben wir Tatsachen gesammelt, die beweisen, daß die Erde keine flache Ebene sein kann. Wäre dies der Fall, so würde der Rumpf der Schiffe sich nicht durch Einsinken unserm Blick entziehen. Ihr Auftauchen und Verschwinden, je nachdem die Schiffe sich näherten oder entfernten, zeigt, daß die Erde eine gekrümmte Oberfläche haben muß, oder mit andern Worten, daß sie eine Kugel ist.

Unsere Augen in dieser Weise zu gebrauchen und die

Bedeutung dessen, was wir sehen, zu erforschen, ist eine weder beschwerliche noch nutzlose Aufgabe; wir betreiben dann in Wahrheit die sogenannte beobachtende Wissenschaft. Indem wir darauf achtgeben, wie uns die Schiffe beim Kommen und Gehen erscheinen, beobachten wir Tatsachen. Wenn wir diese Tatsachen zusammenstellen, ihren Zusammenhang und ihre Bedeutung untersuchen und finden, daß sie die Kugelform der Erde beweisen, so machen wir aus ihnen eine Induktion oder einen Schluß. Diese Verbindung von Beobachtung und Induktion ist es aber, wodurch die Wissenschaft zustande kommt.

24. Wir können also beobachten und beweisen, daß die alte, natürlich scheinende Ansicht von der Flachheit der Erde ganz unrichtig ist, und daß Land und Meer, so flach sie uns auch erscheinen, doch nur Teile einer großen Wölbung sind. Wenn wir von der Heimat aufbrechen und immer, ohne umzukehren, in derselben Richtung über Land und Meer weiter reisen, so kommen wir schließlich doch wieder nach der Heimat zurück; wir reisen um die Welt und beweisen, daß sie in der Tat eine Kugel ist. Man hat dies oft ausgeführt. Viele Reisen um die Welt sind gemacht worden, und anstatt an den Rand der Welt zu kommen, fanden die Reisenden, oder „Weltumsegler", wie man sie nennt, daß Land und Meer immer dieselbe gewölbte Oberfläche zeigen, wie wir sie zu Hause beobachten können.

25. Obgleich es uns beim Anblick des weiten Meeres leicht einleuchten mag, daß die Oberfläche der Erde eine Wölbung ist, so wird es uns doch vielleicht schwer, dasselbe zu glauben in einer unebenen Landschaft, z. B.

in einer Gebirgsgegend mit hohen Bergen und tiefen Tälern. Die Erde ist aber so groß, daß selbst die höchsten Berge im Verhältnis nur kleine Körnchen auf der Oberfläche sind. Wir können nur bei ganz gleichmäßiger Oberfläche, wie auf dem Meere oder auf einer großen

Fig. 2. — Wie die Erde und der Mond, von der Sonne aus gesehen, erscheinen würden.

Ebene, mit dem Auge die wahre Gestalt der Erde wahrnehmen. Aber selbst in der unebensten Gegend ist die Wölbung da, obgleich wir sie nicht bemerken.

26. Die Krümmung ist aber eine sehr gelinde. Wir können die Schiffe auf dem Meere meilenweit verfolgen, ehe sie unserm Auge entschwinden. Die Gelindig-

keit der Krümmung beweist, daß der Kreis, von dem sie einen Teil bildet, sehr groß sein muß. Könnte ein Schiff in gerader Richtung um die Erde segeln, so würde es doch viele Monate zur Vollendung der Reise brauchen. Oder wenn ein Eisenbahnzug mit einer Geschwindigkeit von 50 Kilometern in der Stunde ohne Aufenthalt um die Erde führe, so würde er mehr als einen Monat zur Umfahrung brauchen.

27. Astronomen haben die Erde gemessen und herausgefunden, daß sie keine vollkommene Kugel, sondern ein Sphäroid ist, d. h. zwei entgegengesetzte Seiten sind eingedrückt oder abgeplattet, so daß die Erde etwa die Form einer Orange hat. Eine Linie, die man sich zwischen den Mittelpunkten der beiden abgeplatteten Teile oder den **Polen** gezogen denkt, mißt etwas mehr als 12712 Kilometer; man nennt sie den **Polar-Durchmesser**. Eine Linie zwischen zwei einander gegenüber liegenden Punkten der größten Anschwellung oder des **Äquators** mißt etwas mehr als 12754 Kilometer. Sie heißt der **Äquatorial-Durchmesser**. Zwischen den Polen also beträgt der Durchmesser unserer Erde ungefähr 42 Kilometer weniger als am Äquator. Es ist schwer, sich von diesen Entfernungen eine richtige Vorstellung zu machen. Man gehe deshalb ein oder zwei Kilometer zwischen zwei Orten, deren Abstand man kennt, und denke sich dann, wie viel tausendmal man diesen Abstand nehmen muß, um den Durchmesser der Erde zu erhalten.

Tag und Nacht.

28. Tag für Tag sehen wir unser ganzes Leben lang die Sonne am Himmel hin wandern. Nacht für Nacht

sehen wir, wenn die Luft klar ist, Mond und Sterne langsam über uns hinziehen. Auf nichts bauen wir fester, als daß die Sonne morgen wieder aufgeht und sich Jahr für Jahr so bewegt, wie sie es bisher getan hat. Eine langsame, regelmäßige und unablässige Bewegung scheint rund um die Erde her stattzufinden. Haben wir uns je überlegt, was der Grund dieser Bewegung sein kann?

29. Wenn die Sonne scheint, ist es warm; verdunkeln Wolken den Himmel, so ist die Luft kühler, und nachts haben wir die Empfindung der Kälte. Ferner: bei Tag ist der Himmel voll von Licht, aber wenn die Sonne im Westen sinkt, wird es dunkel. Wir hängen also in bezug auf Licht und Wärme von der Sonne ab, und es ist klar, daß wir die Vorgänge auf der Erde nicht eher wirklich verstehen können, als bis wir über die Beziehungen der Erde zur Sonne einiges gelernt haben.

30. Unser erster Eindruck in der Kindheit ist gleich dem der gesamten Menschheit in lang vergangener Zeit. Man glaubte, die Erde sei der feststehende Mittelpunkt des Weltalls, um den sich Sonne, Mond und Sterne unablässig drehen. Noch jetzt sprechen wir vom Auf- und Untergang dieser Himmelskörper, als ob wir noch immer glaubten, daß sie eine Reise um die Erde ausführen.

31. Seit mehreren Jahrhunderten aber ist es bekannt, daß die Erde, anstatt der Mittelpunkt des Weltalls zu sein, in Wahrheit nur einer der vielen Himmelskörper ist, die unablässig um die Sonne wandern; die Sonne aber ist die große zentrale heiße Masse, die diese Himmelskörper erwärmt und erleuchtet. Daß dies

wahr sein muß, wird uns klar, wenn wir aufmerksam beobachten, wie Tag und Nacht aufeinander folgen.

32. Der Wechsel von Tag und Nacht, anscheinend durch die Bewegungen der Sonne hervorgerufen, wird in Wahrheit durch die Umdrehung oder Rotation der Erde selbst bewirkt. Dies läßt sich leicht veranschaulichen. Ein Kreisel, der in sehr rasche Bewegung gesetzt ist, scheint eine Zeitlang bewegungslos auf seiner Spitze zu stehen; tatsächlich aber dreht er sich mit großer Geschwindigkeit. Denken wir uns eine Linie, die von der Spitze unten zum Mittelpunkt der oberen Fläche geht. Jeder Teil des Kreisels dreht sich um diese Mittellinie, die man Rotationsachse nennt. Auf ähnliche Weise dreht sich die Erde mit großer Geschwindigkeit um ihre Achse.

33. Dann wollen wir einen gewöhnlichen Schulglobus nehmen und ein brennendes Licht einige Fuß entfernt in gleicher Höhe mit dem Messingkreis aufstellen. Wir können den Globus um seine Achse drehen. Ob er nun still steht oder sich schnell dreht, so ist doch immer die dem Lichte zugewendete Seite beleuchtet, während die andere dunkel ist. Wenn die Kugel ruht, so bleiben die auf der einen Seite gezeichneten Länder im Licht, die auf der entgegengesetzten Seite bleiben im Schatten. Durch die Drehung werden alle Stellen nacheinander in das Licht und wieder in den Schatten gebracht. Während das Licht stehen bleibt, bringt die Drehung des Globus jedem Teil seiner Oberfläche abwechselnd Licht oder Dunkelheit.

34. An Stelle des kleinen Schulglobus denken wir uns nun die Erde und an Stelle des schwachen Lichtes

die große Sonne; dann wird uns klar, wie die Drehung der Erde um ihre Achse jedem Lande abwechselnd Licht oder Dunkelheit bringen muß.

35. Niemand wird glauben, daß eine wirkliche Stange durch die Erde geht, als Achse, um die sie sich dreht. Die Achse ist nur eine gedachte Linie, und die zwei entgegengesetzten Punkte, wo sie die Oberfläche berührt, und wo die Enden der Stange herauskämen, wenn die Achse ein wirklicher, sichtbarer Gegenstand wäre, nennt man den Nordpol und den Südpol. Sie werden durch die zwei kleinen Punkte bezeichnet, mit denen der Schulglobus auf seinem Gestelle befestigt ist.

36. Um diese Achse dreht sich die Erde alle vierundzwanzig Stunden einmal. Während der ganzen Zeit scheint die Sonne beständig und unbewegt vom Himmel herab. Aber nur die Teile der Erde empfangen ihr Licht, die ihr gerade zugewendet sind, daher muß es immer eine helle und eine dunkle Seite der Erde geben, gerade so, wie auf dem Globus eine Seite hell und eine dunkel ist, wenn wir ihn einem Licht gegenüber stellen. Wäre die Erde bewegungslos, so würde selbstverständlich die eine Hälfte der Oberfläche nie das Licht sehen, während die andere Hälfte nie dunkel wäre. Da aber die Erde sich dreht, wird jeder Teil abwechselnd beleuchtet und beschattet. Wenn wir im Sonnenlicht sind, so haben wir Tag; sind wir auf der dunkeln Seite, so haben wir Nacht.

37. Die Sonne scheint sich von Ost nach West zu bewegen. Die wirkliche Bewegung der Erde muß gerade die entgegengesetzte sein, d. h. also von West nach Ost.

Am Morgen gelangen wir infolge der Umdrehung in das Sonnenlicht, das im Osten erscheint. Schritt für Schritt scheint die Sonne den Himmel zu erklimmen, bis wir um Mittag ihr gerade gegenüberstehen, und Schritt für Schritt sinkt sie wieder im Westen hinab, weil uns die Erde in ihrer gleichmäßig weitergehenden Drehung wieder der Dunkelheit zuführt. Aber auch bei Nacht können wir die Bewegung der Erde an der Art erkennen, wie die Sterne einer nach dem anderen auf- und untergehen, bis ihr schwächeres Licht in der wiederkehrenden Helle eines neuen Tages erlischt.

38. Während die Umdrehung den Wechsel von Tag und Nacht verursacht, bestimmt eine andere Bewegung unseres Erdballs die Länge des Jahres. Nicht nur um ihre Achse dreht sich die Erde; zu gleicher Zeit läuft sie auch um die Sonne. Diese Bewegung heißt ihr Umlauf oder ihre Revolution: und der Weg, den die Erde in ihrem Kreislauf einhält, heißt ihre Bahn. Wir sind etwa einhundert neun und vierzig Millionen dreihundert und vierzig tausend Kilometer von der Sonne entfernt, so daß die Erde, um ganz um die Sonne herumzukommen, eine so weite Bahn zu durchlaufen hat, daß sie zu ihrer Vollendung mehr als dreihundert und fünf und sechzig Tage braucht, obwohl sie mit einer mittleren Geschwindigkeit von ungefähr dreißig Kilometern in der Sekunde dahin fliegt.

39. Durch die Bewegung der Umdrehung (Rotation) wird die Zeit in Tage und Nächte, durch die des Umlaufs (Revolution) in Jahre eingeteilt. So ist also die Erde unser großer Zeitmesser. Außerdem ergeben sich noch andere wichtige Folgen aus den Be-

wegungen der Erde, mit denen wir uns später bekannt machen wollen.

Die Luft.

I. Aus was die Luft besteht.

40. Sobald wir anfangen, die Welt um uns her aufmerksam zu betrachten, so ist die Luft eins der ersten Dinge, das uns zu denken gibt. Wir sehen sie nicht, und doch ist sie überall gegenwärtig, wo wir auch gehen mögen. Wie tief beeinflußt sie das Leben der Menschen! Wie beständig ändert sie ihre Eigenschaften! Wie groß ist die Wirkung dieser Veränderungen auf uns! — jetzt als sanftes Lüftchen wehend, dann als heftiger Sturm einherbrausend, zu einer Zeit kalt, zu anderer warm, heute klar und trocken, morgen beladen mit Wasserdampf oder durchfeuchtet mit Regen. — Was ist diese Luft?

41. Obwohl unsichtbar, ist sie doch ein wirklicher materieller Körper. Wenn wir unsern Arm schnell auf- und abschwingen, so fühlen wir, daß die Luft der Hand Widerstand bietet. Die Luft ist etwas, was wir zwar fühlen, aber nicht sehen können. Wir atmen sie jeden Augenblick. Wir können uns nicht aus ihr entfernen, denn sie umgibt die Erde vollständig als eine Umhüllung von achtzig und mehr Kilometern Höhe. Die Gegend zwischen der äußeren Grenze der Luft und den Sternen nennt man den Weltenraum. Dieser Lufthülle, von der die Erde umschlossen wird, hat man den Namen Atmosphäre — d. h. Dunstkreis — gegeben.

42. Aus unserem Elementarbuch der Chemie haben wir gelernt (Abschnitt 9), daß die Luft nicht ein ein-

facher Stoff, sondern eine Mischung aus zwei unsichtbaren Gasen ist, die Stickstoff und Sauerstoff heißen. Außer diesen Hauptbestandteilen enthält sie noch kleine Mengen anderer Substanzen, von denen einige sichtbar, andere unsichtbar sind. Wenn wir die Fensterläden eines Zimmers schließen und das Sonnenlicht nur durch einen Ritz oder ein kleines Loch einströmen lassen, so sehen wir einige der sichtbaren Teilchen der Luft. Hunderte von kleinen Pünktchen oder Staubteilchen durchkreuzen den Lichtstrahl, der sie bei ihrem Auf- und Abschweben gegen die dunkle Umgebung sichtbar macht, während sie im vollen Tageslicht verschwinden. Die unsichtbaren Teile der Luft aber sind gerade von der größten Wichtigkeit, und außer den schon erwähnten beiden Hauptgasen gibt es unter ihnen zwei, die besondere Erwähnung verdienen: den Wasserdampf und die Kohlensäure.

43. Was ist nun dieser Wasserdampf? Beobachten wir, was vorgeht, wenn ein Kessel siedet, so bemerken wir, daß von der Mundöffnung des Ausgusses ein Strom von Dampf in die Luft hinausgeht. Er ist in fortwährender Bewegung, während er aus dem Ausguß hervorschießt; aber schon nach kurzer Entfernung verschwindet er irgendwie. Während die weißen Wolken kommen und gehen, wird das Wasser im Kessel allmählich immer weniger, bis schließlich, wenn wir ihn nicht wieder füllen, alles Wasser verkocht und der Kessel ganz trocken ist. Was ist aus all dem Wasser geworden? Es ist in Dampf verwandelt. Es ist weder vernichtet noch irgendwie verloren: es ist nur aus dem Zustand der sichtbaren Flüssigkeit im Kessel in den des

unsichtbaren Dampfes oder Gases in die Luft übergegangen. Aber seine Substanz ist, obwohl unsichtbar, in der Luft genau so vorhanden, wie sie es war, als sie in den Kessel als Wasser eingegossen wurde.

44. Die Luft enthält immer mehr oder weniger Wasserdampf, der unsichtbar verteilt bleibt, so lange er in der Form von Dampf verharrt. Aber dieser aufgelöste Dampf geht, wie wir später sehen werden, beständig wieder in sichtbares Wasser über. Aus ihm entstehen Wolken, Nebel, Regen und Schnee. Würde er aus der Luft entfernt, so würde alles auf der Erde vertrocknen und Leben unmöglich sein. Wenn wir mehr und mehr von den Veränderungen lernen, die Tag für Tag um uns her vorgehen, so werden wir sehen, welche große Rolle dieser Wasserdampf bei ihnen spielt.

45. Das Kohlensäuregas ist auch eines von den unsichtbaren Gasen der Atmosphäre; und zwar kommen von ihm etwa vier Teile auf je zehntausend Luftteile. Dies mag als eine höchst geringfügige Beimischung erscheinen; aber sie genügt, um allen Pflanzen, die auf dem Erdboden wachsen, fast alle ihre festen Bestandteile zu liefern (Chemie, Abschnitt 11). Wenn eine Pflanze abstirbt und verwest, so wird Kohlensäure der Luft wieder zugeführt. Anderseits werden Pflanzen reichlich von Tieren gefressen und helfen den Aufbau des tierischen Körpers bilden. Im Atmen geben die Tiere Kohlensäure an die Luft ab, und wenn sie sterben und ihre Körper vermodern, so wird derselbe Stoff dem Erdboden und der Atmosphäre wiedergegeben. Die Kohlensäure der Luft geht also in den Körper der Pflanzen und Tiere über und wird jedes-

mal der Luft zurückgegeben, wenn diese lebenden Wesen sterben und ihre Überreste zu vermodern anfangen. So findet ein fortwährender Austausch dieses Stoffes zwischen der Luft und dem Tier- und Pflanzenreich statt. (Chemie, Abschnitt 13.)

II. Die Erwärmung und Abkühlung der Luft.

46. Obgleich wir die Luft nicht sehen können, so können wir sie doch fühlen, wenn sie sich bewegt. Ein leiser Wind oder ein heftiger Sturm ist ebensowenig sichtbar für das Auge wie ruhige Luft, und doch fühlen wir sofort ihre Bewegung. Aber auf andere Weise kann sich auch ruhige Luft bemerkbar machen, nämlich durch ihre Temperatur (Physik, Abschnitt 51). Denn auch die Luft kann gleich gewöhnlichen sichtbaren Körpern erwärmt und abgekühlt werden.

47. Dieses Erwärmen und Abkühlen der Luft ist uns von unsern Wohnhäusern wohl bekannt. Wenn wir an einem Wintertage aus der warmen Stube ins Freie gehen, so haben wir ein Gefühl von Kälte. Woher kommt dies Gefühl? Nicht von etwas Sichtbarem: denn unsere Füße, obwohl sie auf dem gefrorenen Erdboden stehen, sind durch Leder geschützt und fühlen noch nicht die Kälte. Die kalte Luft, die uns von allen Seiten umgibt, entzieht uns etwas von unserer Wärme, indem gleichzeitig unsere Haut Wärme durch Strahlung in die Luft abgibt (Physik, Abschnitt 67). Und umgekehrt: wenn wir in die Stube zurückkehren, nachdem wir einige Zeit in der kalten Winterluft gestanden haben, so empfinden wir Wärme. Hier stammt wieder das Gefühl nicht von einem sichtbaren Gegenstande, sondern von

der unsichtbaren Luft, die jeden Teil unserer Haut berührt und uns so ihre Wärme mitteilt.

48. Die Luft wechselt also sehr in ihrer Temperatur — d. h. sie ist manchmal warm und manchmal kalt und bleibt dennoch gänzlich unsichtbar. Vermittelst des Thermometers (Physik, Abschnitt 51) können wir selbst geringe Wechsel in der Temperatur genau messen, die auch die empfindlichste Haut nicht unterscheiden könnte.

49. Wie kommt es aber, daß die Atmosphäre manchmal warm und manchmal kalt ist? Woher kommt die Wärme? Und wie nimmt die Luft sie auf?

50. Wir wollen wieder zu dem früheren Beispiel, dem Hause, zurückkehren. Im Winter, wenn draußen die Luft kalt und frostig ist, ist es im Hause warm und behaglich, weil Feuer brennen. Das Verbrennen von Holz und Kohlen erzeugt Hitze, und diese Hitze erwärmt die Luft. Es wird also durch das Abgeben oder Ausstrahlen der Hitze von brennenden Gegenständen die Luft unseres Hauses wärmer gemacht als die Luft draußen.

51. Nun wird die Luft draußen ebenfalls durch die Ausstrahlung eines heißen Körpers erwärmt. Im Sommer ist die Luft draußen manchmal weit wärmer, als es gewöhnlich im Winter in Wohnhäusern der Fall ist. Alle diese Wärme kommt von der Sonne, die eine ungeheure heiße Masse ist und fortwährend nach allen Richtungen hin Wärme ausstrahlt.

52. Wenn aber die Sonne fortwährend ihre Wärme auf die Erde sendet, warum ist denn die Luft zuweilen kalt? Sobald wir einen Ofenschirm zwischen uns und ein hell brennendes Feuer stellen, so fühlen wir gleich,

daß ein Teil der Hitze abgehalten wird. Wenn die Sonne scheint, wollen wir unsere Hand für einige Zeit ihren Strahlen aussetzen und dann ein Buch zwischen die Hand und die Sonne halten. Erst wurde unsere Hand erwärmt: sobald wir sie aber beschatten, kühlt sie sich wieder ab. Das Buch hält die Hitze ab, die unmittelbar von der Sonne auf unsere Hand kam. Fühlen wir, daß die Atmosphäre kalt ist, so muß etwas zwischen uns und die Sonne gekommen sein, was die Sonnenstrahlen abhält, uns unmittelbar zu erreichen.

53. Wolken halten die direkte Wärme der Sonne ab. Schon oft haben wir den Temperaturwechsel bemerkt, wenn die Sonne einige Zeit geschienen hat und eine Wolke zwischen sie und die Erde tritt. Sogleich tritt ein Gefühl der Abkühlung ein, das verschwindet, sobald die Wolke weiter gezogen ist und die Sonne nicht mehr verhüllt.

54. Die Luft selbst nimmt einen Teil der Sonnenwärme auf, und je größer die Dicke der Luftschicht ist, durch welche die Wärme ihren Weg machen muß, desto mehr Wärme wird aufgenommen. Und ferner: je schräger die Sonnenstrahlen auffallen, desto schwächer werden sie. Zu Mittag z. B. steht die Sonne hoch am Himmel. Ihre Strahlen (wie bei B in Fig. 3) fallen dann fast senkrecht und haben also die geringste Dicke der Luftschicht zu durchschneiden, ehe sie uns erreichen. Wenn die Sonne am Nachmittag sinkt, so fallen ihre Strahlen immer schräger und müssen ihren Weg durch eine immer dicker werdende Luftschicht zurücklegen (wie bei C in Fig. 3). Daher ist es mittags viel wärmer als am Morgen oder Abend.

55. Nachts, wenn die Sonne nicht mehr scheint, erwärmt ihre Hitze den im Schatten liegenden Teil der Erde nicht. Dieser Teil empfängt nicht nur keine Wärme von ihr, sondern strahlt seine Wärme noch in die kalte Luft aus (siehe Abschnitt 59). Die Nacht ist also viel kälter als der Tag.

56. Im Sommer steht die Sonne am Mittag viel höher am Himmel oder viel senkrechter über uns als

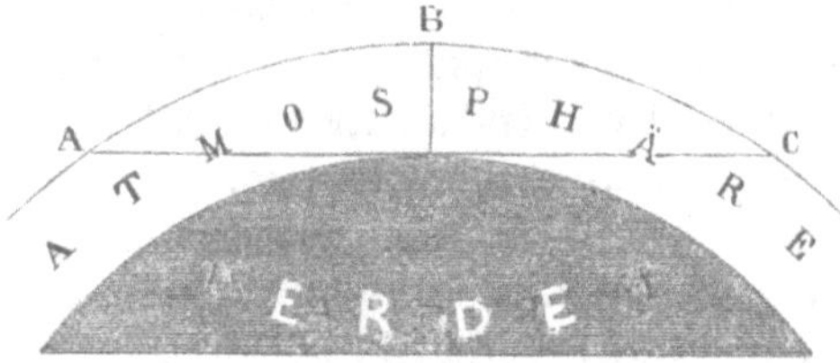

Fig. 3. — Darstellung des Einflusses der verschiedenen Dicke der Atmosphäre auf die Verminderung der Sonnenwärme. A Richtung der Sonnenstrahlen morgens, B mittags, C abends.

im Winter. Ihre Wärme kommt weniger schräg und hat eine geringere Dicke der Luft zu durchschneiden, daher fühlen wir sie mehr als im Winter, wenn die Sonne in den nördlichen Teilen der Erde selbst zu Mittag nicht hoch steigt.

57. Hieraus folgt, daß wir unsern ganzen Bedarf an Wärme von der Sonne bekommen, und daß alles, was zwischen uns und die Sonne tritt, diese Wärme unterbricht und uns eine Empfindung von Kälte verursacht.

58. Wenn wir hinsichtlich der Wärme nur auf die direkte Hitze der Sonne angewiesen wären, so könnte es nur warm sein, wenn die Sonne scheint. Ein umwölkter

Tag müßte dann sehr kalt und jede Nacht so durchdringend kalt sein wie im Winter. Und doch ist dies nicht der Fall. Umwölkte Tage sind oft ganz warm, und keineswegs sind alle Nächte sehr kalt. Es muß irgend etwas vorgehen, wodurch die Sonnenwärme angesammelt wird, so daß man sie selbst dann fühlen kann, wenn die Sonne nicht scheint.

59. Gehen wir wieder auf unser erstes Beispiel zurück. Wenn wir den Rücken eines Stuhles einem hellen Feuer gegenüberstellen, so wird er bald so heiß, daß wir ihn kaum berühren können. Stellen wir ihn an einen entfernten Platz des Zimmers, so kühlt er bald ab. Ein Teil der vom Feuer ausgestrahlten Hitze ist also vom Holz absorbiert und wieder abgegeben worden.

60. In derselben Weise wird im Sommer der Boden warm, an manchen Stellen wird er sogar zu Zeiten so heiß, daß wir kaum die Hand darauf halten können. Erde und Steine nehmen die Hitze leicht auf, d. h. sie werden schnell erwärmt und erkalten auch bald wieder. Wenn sie durch die Sonne erwärmt worden sind, wird die Luft durch die Berührung mit ihnen warm, und sie hält die Wärme länger als jene; so daß, selbst wenn in der Nacht die Erde und die Steine kalt geworden sind, die Luft dicht über ihnen noch nicht so kühl ist. Auf der andern Seite kühlt die Oberfläche der Erde, wenn sie kalt ist, die sie nahe umgebende Luft ab. Und da der Erdboden die Wärme leicht abgibt, so strahlt während der Nacht eine große Menge Wärme von der Erde in den kalten Sternenraum.

61. Viel mehr Wärme würde jedoch auf diese Weise verloren gehen, wenn nicht der reichliche, unsichtbare

Wasserdampf und die Staubteilchen in der Atmosphäre (Abschnitt 42, 43) einen Teil von ihr absorbierten und als eine Art von Schirm die Strahlung aufhielten. Wenn aller Dampf und alle Stäubchen aus der Luft entfernt wären, so würde die Nacht infolge der Schnelligkeit, mit der die Erde ihre Wärme in den Raum ausstrahlte, sehr kalt sein. Dies ist der Grund, warum im heißen Wüstenklima, wo die Luft sehr trocken ist — d. h. einen verhältnismäßig geringen Prozentsatz von Wasserdampf enthält — die Nächte verhältnismäßig kälter sind als in kühleren Klimaten, wo die Luft feuchter ist, während die Tage oft unerträglich heiß sind. Der unsichtbare, in der Luft aufgelöste Wasserdampf und dieselbe zu Wolken verdichtete Substanz verhindert das Entweichen der Wärme. Daher brauchen bewölkte Tage nicht kalt zu sein und sind bewölkte Nächte gewöhnlich nicht so kalt wie klare und sternenhelle.

62. Die Atmosphäre wird also erwärmt oder abgekühlt, je nachdem sie über einem warmen oder kalten Teile der Erdoberfläche liegt; mit Hilfe ihrer Wasserdämpfe ermöglicht sie es, diese Wärme festzuhalten und zu verteilen, und bewahrt die Erde vor so extremen Klimaten, wie sie sonst vorherrschen würden.

III. Der Wasserdampf in der Luft. Verdunstung und Kondensation.

63. Das Vorhandensein des Wasserdampfes in der Luft bewahrt die Erde nicht nur vor allzuraschem Wärmeverlust bei Nacht und vor allzugroßer Hitze und Sonnenhelle bei Tag, sondern hat noch manche andere Folgen. Wir wollen versuchen, einige davon verstehen

zu lernen. Vor allem andern wollen wir untersuchen, wie der Wasserdampf in die Luft und aus ihr herauskommt. Auch in diesem Fall zeigt es sich, daß große Fragen der Wissenschaft sich oft einfach und leicht durch die bekanntesten Dinge erläutern lassen.

64. Man sollte annehmen, daß in einem warmen Zimmer, wo den ganzen Tag ein tüchtiges Feuer brannte und eine Anzahl von Menschen beisammen war, die Luft ziemlich trocken sein müßte. Nun bringen wir aber ein Glas voll eiskalten Wassers in dies Zimmer und merken auf, was geschieht. Wir sehen, daß sich die Außenseite des Glases sogleich mit einer feinen Nebelschicht bedeckt. Nach einiger Zeit bilden sich aus dieser Schicht winzige Wassertropfen, die immer größer werden, bis vielleicht einige von ihnen zusammenrinnen und an der Wand des Glases herablaufen.

65. Auch haben wir gewiß schon bemerkt, daß in sehr kalten Nächten an den Fenstern von Wohnzimmern oder überfüllten öffentlichen Räumen das Wasser an der Innenseite herab rinnt.

66. Woher kommt nun in diesen Fällen die Feuchtigkeit? Gewiß nicht aus dem Glas. Sie stammt von den in der Luft befindlichen Wasserdämpfen. Das Wort Dampf wird oft gebraucht, um verschiedene Arten von sichtbarem Dunst oder von Nebel oder Wolken zu bezeichnen. Aber diese sichtbaren Formen der Feuchtigkeit sind nicht in dem Sinne Dampf, in dem man den Ausdruck in der Wissenschaft anwendet. Der Wasserdampf der Luft ist immer unsichtbar, selbst dann, wenn die Luft mit ihm gesättigt ist, das heißt: wenn sie überhaupt nicht noch mehr Dampf festhalten kann. Nur

wenn der Dampf wieder in die Form von Wasser übergeht, können wir ihn wirklich sehen.

67. Wenn der in der Luft aufgelöste unsichtbare Dampf sichtbar wird, wie in Nebel, Wolken, Tau oder Regen, so sagt man, er sei kondensiert, und diesen Übergang eines unsichtbaren Gases in eine sichtbare Flüssigkeit nennt man Kondensation.

68. Die Masse von Dampf, die in der Luft enthalten sein kann, wechselt je nach der Temperatur; warme Luft vermag mehr festzuhalten als kalte. Das läßt sich auf einfache Weise zeigen. Wenn wir atmen, so hauchen wir bei jedem Atemzug eine gewisse Menge Wasserdampf aus; ist die Luft warm, so vermischt sich dieser Wasserdampf, sowie er unserm Munde entströmt, mit der äußeren Luft und bleibt in ihr aufgelöst. Wenn wir aber den Atem abkühlen, sobald er unseren Mund verläßt, so wird er gleich in sichtbare Feuchtigkeit verwandelt. Wir wollen z. B. einen Spiegel oder einen andern kalten Gegenstand nehmen und ihn anhauchen: der Wasserdampf aus unsern Lungen zeigt sich sofort als eine feine Nebelschicht auf dem Glase, weil die Luft, die mit der kalten Fläche in Berührung steht, ebenfalls kalt ist und nicht so viel Dampf festhalten kann, von dem sich nun ein Teil kondensiert. Im Winter brauchen wir keinen Spiegel, um den Dampf des Atems sichtbar zu machen, denn die uns umgebende kalte Luft kondensiert ihn, sobald er den Mund verläßt, und bildet den feinen Nebel oder die Wölkchen, die bei jedesmaligem Ausatmen erscheinen.

69. Sobald die Luft kälter ist, vermindert sich ihre Fähigkeit, Dämpfe festzuhalten. Wenn sie kälter wird

als die Temperatur, bei der sie ihren Vorrat von aufgelösten Dämpfen festzuhalten vermag, so wird der überflüssige Dampf kondensiert und sichtbar. Die Temperatur, bei der dies vorgeht, ist der Sättigungspunkt oder der Taupunkt (siehe Abschnitt 77, 78).

70. Nun wollen wir untersuchen, wie es kommt, daß der Dampf überall in der Atmosphäre ist, und woher er stammt. Man gieße etwas Wasser in eine flache Schüssel oder, noch besser, in eine schwarze Schale, bezeichne genau die Wasserhöhe am Rand und stelle das Gefäß in die freie Luft. Wenn es nicht gerade sehr feuchtes Wetter ist, so wird man schon nach einer oder zwei Stunden wahrnehmen, daß das Wasser merklich abgenommen hat. Die Luft hat einen Teil des Wassers aufgesogen und wird das ganze Wasser aufsaugen, wenn wir es lange genug stehen lassen. Was mit einer so geringen Wassermenge geschieht, das tritt auch ein bei jeder großen Wasserfläche der Erde, bei jedem Bach, jedem Fluß und See, und selbst bei dem großen Weltmeere. Das Wasser geht fortwährend in Dampf über, der von der Luft aufgenommen und festgehalten wird. Diesen Vorgang nennt man Verdampfung, und das in Dampf übergegangene Wasser ist, wie man sich ausdrückt, verdampft.

71. Da die warme Luft mehr Dampf halten kann als kalte, so muß die Verdampfung im Sonnenschein größer sein als bei Nacht, und im Sommer bedeutender als im Winter. Die Sonne ist die große Wärmequelle, welche die Verdunstung in ständiger Tätigkeit erhält. Ohne Zweifel haben wir alle den großen Unterschied in der Schnelligkeit bemerkt, mit der nasse Wege trocknen.

Wenn die Sonne warm scheint, so genügt eine oder zwei Stunden, um alle Feuchtigkeit zu entfernen und die Wege wieder hellfarbig und fest zu machen. Ist aber das Wetter kalt und düster, so bleiben die Wege oft Tage lang naß und feucht. In dem einen Falle nimmt die warme Luft begierig das Wasser von den Wegen auf, während im andern die kalte Luft es nur in kleinen Mengen aufnimmt.

72. Ferner ist es klar, daß bei feuchtem Wetter weniger Verdampfung stattfinden kann als bei trockenem. An einem trockenen, windigen Tage geht die Verdampfung sehr schnell vor sich, weil die Luft noch nicht so viel Dampf aufgenommen hat, wie sie aufgelöst enthalten kann. Aber an einem feuchten Tage, wo die Luft schon so viel Dampf enthält, wie sie bei dieser Temperatur aufnehmen kann, ist die Verdampfung ganz schwach oder hört vollständig auf. Diese wechselnde Fähigkeit der Luft im Aufnehmen des Dampfes ist der Grund, warum die Wäscherinnen solchen Unterschied beim Trocknen ihrer Wäsche an verschiedenen Tagen finden. An manchen Tagen ist die Luft sehr geschäftig, überall Wasserdampf aufzusaugen, es herrscht, wie wir sagen, große Trockenheit, und dann trocknet die Wäsche schnell. Dies ist besonders der Fall, wenn der Himmel klar ist und etwas Wind geht, weil dann jeden Augenblick eine neue Menge Luft mit der Wäsche in Berührung kommt, etwas Dampf aufnimmt und weiter eilt, um frischem Nachschub durstiger Luft Platz zu machen. An andern Tagen kann die Luft kaum noch mehr Dampf aufnehmen, und dann ist die Wäsche abends noch fast so naß, als wie sie am Morgen aufgehängt wurde.

73. Wenn Wasser verdunstet, so nimmt der Dampf etwas Wärme mit sich fort. Wir wollen einen Tropfen Wasser auf den Rücken unserer Hand bringen und ihn verdampfen lassen; dabei haben wir ein Gefühl der Kälte, denn indem der Dampf aus dem Tropfen in die Luft übergeht, entzieht er unserer Haut etwas Wärme. Diese absorbierte Wärme wird bei der Kondensation des Dampfes an die Luft abgegeben.

74. Der unsichtbare Wasserdampf in der Luft, obwohl quantitativ sehr gering im Vergleich zu dem Gehalt an Stickstoff und Sauerstoff, ist doch in ungeheuerer Menge vorhanden, wenn man die ganze Masse der Atmosphäre in Betracht zieht. Es wurde ausgerechnet, daß die Summe des Wasserdampfes, der jährlich von der Oberfläche der Erde aufsteigt, in verdichtetem Zustand, also als Wasser, ein Land fast so groß wie Frankreich 1600 Meter hoch bedecken würde. Dieser Dampf steigt in Gasform von jeder Wasserfläche auf der ganzen Erde durch Verdunstung auf und wird durch die Kondensation wieder in die flüssige Form zurückgeführt.

IV. Tau, Nebel, Wolken.

75. Nach Sonnenuntergang, wenn der Himmel klar ist, wird das Gras vom Tau naß. Am Morgen können wir einen weißlichen Dunst oder Nebel oft über Wäldern, Strömen und Bergen hängen sehen, der nach und nach hinwegschmilzt, wenn die Sonne am Himmel steigt. Zu allen Zeiten des Jahres können wir beobachten, wie sich Wolken bilden und wieder auflösen, wie sie von neuem entstehen, und wie sie, indem sie die Luft

durchwandern, ihre Größe und Form immer verändern. Dies alles sind Beispiele für die Kondensation des Dampfes. Sehen wir, wie sie vor sich geht.

76. Kondensation entsteht, wie wir gesehen haben (Abschnitt 68), aus einer Abkühlung der Luft. Wenn sich Dampf verdichtet, nimmt er nicht gleich die Form von fließendem Wasser an. Das kalte Glas, das in das warme Zimmer gebracht wurde, war erst mit einer feinen Nebelschicht bedeckt, und allmählich kamen dann die klaren Wassertropfen (Abschnitt 64). In Wirklichkeit besteht der Nebel aus unendlich kleinen Wasserteilchen, und erst ihr Zusammenrinnen bildet die größeren Tropfen. So ist es in großem Maßstabe in der Natur; wenn Kondensation vor sich geht, erscheint der Dampf zuerst als feiner Nebel. Wenn wir einen Nebel oder eine Wolke sich bilden sehen, sei es am Himmel oder am Erdboden, so können wir ganz sicher sein, daß Luft, in der Wasserdampf aufgelöst ist, aus irgend einem Grund sich so weit abgekühlt hat, daß sie ihren ganzen Wasserdampf nicht mehr festhalten kann, vielmehr einen Teil davon abgeben muß.

Tau.

77. Mit diesem Namen bezeichnet man die Feuchtigkeit, die wir abends oder in der Nacht auf Gras, Blättern, Steinen oder andern unter freiem Himmel befindlichen Gegenständen erscheinen sehen. Am Morgen nach einer tauigen Nacht haben wir schon oft die kleinen Tautropfen auf den Grashalmen und den feinen Sommerfäden glitzern sehen. Diese Feuchtigkeit kommt aber nicht aus dem Gras, den Blättern oder Steinen.

Sie wird durch Kondensation der Luft entnommen, genau so, wie wir auf dem kalten Glase, das in die warme, feuchte Luft eines Zimmers gebracht wurde, die Nebelschicht entstehen sahen. Die Nebelschicht war eigentlich Tau; denn aller Tau entsteht auf dieselbe Weise und aus denselben Ursachen.

78. In der Nacht, wenn der Himmel klar ist, strahlt die Erde sehr rasch ihre Wärme aus, d. h. sie gibt in den kalten Raum einen großen Teil der Wärme ab, die sie während des Tages von der Sonne empfangen hat (Abschnitt 60). Ihre Oberfläche wird infolgedessen kalt, wie wir nach Einbruch der Nacht an Steinen und Blättern fühlen können. Die dem kalten Boden zunächst liegende Luft wird unter ihren Sättigungspunkt abgekühlt, d. h. sie geht auf eine Temperatur herunter, bei der sie nicht mehr so viel Wasserdampf festhalten kann. Der Überschuß an Dampf wird als Tau auf Gräser, Blätter, Zweige, Steine und andere Gegenstände abgelagert. Die Temperatur, bei der diese Verdichtung zu entstehen beginnt, nennt man den Taupunkt (Abschnitt 69).

Dunst und Nebel.

79. Eine andere Art, wie an einer kalten Oberfläche der Erde Kondensation eintritt, kann man an gewissen Vorgängen in den Bergen beobachten. Wenn ein warmer feuchter Wind auf eine kalte Bergspitze bläst, so wird er abgekühlt, und seine Dämpfe werden in der Form von Nebel oder einer Wolke sichtbar. Die Wolke kann ganz vereinzelt sein, und ihre Gestalt kann sich sogar der Form des Bodens anpassen, als ob eine Art wollener Kappe über das Haupt des Berges gezogen wäre. Dies ist

am Morgen oft bemerkbar. Wenn der Tag vorrückt, so kühlt der durch die Sonne erwärmte Boden die Luft nicht mehr ab, und der Nebel wird nach und nach von der Atmosphäre wieder absorbiert. Aber allmählich, wenn beim Einbruch der Nacht der Boden durch die Ausstrahlung wieder erkaltet und genug Dampf in der Luft ist, wird sich der Nebel von neuem bilden und der Berg seine Kappe wieder aufsetzen.

80. Kalte Luft kondensiert den Dampf wärmerer Luft ebensowohl wie kalter Boden. Wenn wir einen Flußlauf beobachten, können wir oft Beispiele für diese Art der Kondensation sehen. Der Erdboden an beiden Ufern gibt nach Sonnenuntergang schneller von seiner Wärme ab als der Fluß selbst, und er kühlt folglich die über ihm lagernde Luft schneller ab, als die Luft über dem Flusse abgekühlt wird. Wenn also diese kältere Luft von beiden Seiten niedersinkt, um den Platz der wärmeren, feuchten Luft einzunehmen, die auf dem Fluß liegt und von ihm aufsteigt, so erfolgt Kondensation in der Form von Flußnebeln, die so häufig des Nachts und am frühen Morgen über den Strömen lagern.

Wolken.

81. Aber nicht am Erdboden, sondern oben in der Luft ist der Ort, wo die Dampfkondensation hauptsächlich vor sich geht. Keine Erscheinung des täglichen Lebens ist uns bekannter als die Wolken, die das Ergebnis dieser Kondensation sind. Eine Wolke ist nur ein Nebel, der durch die Abkühlung von warmer, feuchter Luft entstanden ist, sobald die Luft ihre Wärme aus irgend einer Ursache verliert, etwa durch Ausdehnung während

des Aufsteigens oder durch Berührung mit kälteren Luftströmen. Wenn wir die Vorgänge am Himmel beobachten, so können wir oft Wolken entstehen sehen. Erst erscheint ein kleines, weisses Flöckchen. Allmählich wird es größer, andere Wölkchen steigen auf und vereinigen sich, bis zuletzt der Himmel ganz mit schweren Wolken überdeckt ist und es schließlich vielleicht zu regnen beginnt. Der Dampf, der in dieser Weise in der Luft kondensiert wurde, ist durch die Verdunstung des Wassers auf der Erdoberfläche entstanden. Er erhebt sich mit der warmen Luft, die beim Aufsteigen Wärme verliert, zugleich mit kälteren Schichten der Atmosphäre in Berührung kommt und deswegen nicht mehr allen Dampf festhalten kann; der Überschuß, den sie ausscheidet, wird dann zu Wolken kondensiert.

82. An einem Sommermorgen ist der Himmel oft ganz wolkenlos; wenn aber der Tag vorrückt, steigt mehr Dampf von der erwärmten Erde auf, der durch die warmen, aufsteigenden Luftströme zu höheren und kälteren Schichten der Atmosphäre emporgetragen und in die weißen, flockigen Wolken kondensiert wird, die sich gegen Mittag und am Nachmittag bilden. Gegen Abend, wenn die Verdunstung nachläßt und keine warmen Luftströme mehr aufsteigen, hören die Wolken auf zu wachsen. Sie beginnen dann am Himmelsgewölbe herabzusinken und werden allmählich kleiner, bis schließlich bei einbrechender Nacht der Himmel wieder ganz klar sein kann. Sie wurden abermals aufgelöst, während sie sanken und näher an der Erde mit warmer Luft in Berührung kamen. Außerdem bewegen sich Wolken am Himmel hin, die durch obere Luftströme

weitergetrieben werden. Je stärker diese Ströme sind, desto schneller wandern die Wolken. Auf diese Weise ist der Himmel manchmal vollständig mit Wolken bedeckt, die von weit her gekommen sind. Indem wir dieses Kommen und Gehen beobachten, sehen wir, wie der Zustand des Dampfes in der Atmosphäre fortwährend wechselt — wie er zu einer Zeit sich zu Wolken verdichtet, wie er zu anderer Zeit verdunstet und unsichtbar sich in die Luft auflöst. Die Bewegungen der Luft hängen in der Tat zum großen Teil von den wechselnden Zuständen und der Masse des Wasserdampfes ab (Abschnitt 98).

V. Regen und Schnee.

83. Der Wasserdampf, den die Sonnenwärme von den Flüssen, Seen und den Meeren aufsteigen läßt, wird wieder in die sichtbare Form der Wolken verdichtet. Die Wolken bleiben aber nicht fortwährend in der Luft schweben. Sie verschwinden auf zweierlei Weise. Manchmal werden sie, wie bereits erwähnt (Abschnitt 82), in unsichtbaren Dampf aufgelöst. Ein anderes Mal lassen sie ihre Feuchtigkeit durch die Luft auf die Erde fallen, und so entsteht Regen und Schnee.

Regen.

84. Keine Tatsache in der Natur ist uns besser bekannt, als daß der Regen aus den Wolken am Himmel kommt. Ist der Himmel klar über uns, so fällt kein Regen; nur wenn er bewölkt ist, regnet es. Wir können beobachten, wie sich eine dunkle Regenwolke zusammenballt und einen heftigen Schauer über

die Erde ergießt: wir sehen, wie die langen, dunkeln Regenstreifen tatsächlich von der Wolke oben bis auf den Erdboden unten hinabreichen. An dem kalten Glase, das in ein warmes Zimmer gebracht wurde (Abschnitt 64), sammelte sich die auf ihm entstehende Nebelschicht nach und nach zu Tropfen, die an der kalten Außenfläche herabliefen. Der Beschlag am Glase aber und die Wolke am Himmel sind beide aus kleinsten Teilchen oder Tropfen von Wasser gebildet. Durch das Zusammenrinnen dieser außerordentlich kleinen Teilchen entstehen die Regentropfen. In dem einen Fall tröpfelt das Wasser an dem kalten Glas herab, in dem anderen sammelt es sich zu Regentropfen, die durch die Luft fallen. Die kleinsten Teilchen der Wolke werden mit dem Fortschreiten der Kondensation größer, bis sie Wassertropfen bilden, die zu schwer sind, um noch länger frei in der Luft zu schweben. Diese fallen dann als Regentropfen zur Erde.

Schnee.

85. Es gibt aber noch eine andere wichtige Form, in der die Feuchtigkeit der Wolken auf die Erde gelangen kann. In den Gegenden, wo das Wetter kalt genug ist, fallen nicht Regentropfen, sondern Schneeflocken zu Boden.

86. Bringen wir eine Handvoll Schnee in die Stube, so schmilzt sie zu Wasser, das bei längerem Stehen an der Luft verdunstet. Schnee, Wasser und Wasserdampf sind also nur verschiedene Formen desselben Stoffes. Der Stoff, den wir Wasser nennen, kann also in drei Zuständen auftreten: in dem gasförmigen,

dem flüssigen und dem festen. Schnee ist ein Beispiel für die feste Form.

87. In einer frostigen Nacht bedecken sich Wasserlachen mit einer harten, durchsichtigen Kruste, die **Eis** genannt wird. Wir können diese Kruste in Stücke zerbrechen; wenn aber die Kälte anhält, entsteht bald eine neue Kruste, in die Stücke der alten fest eingefroren sind. Je größer die Kälte ist, desto dicker wird die Kruste, bis vielleicht alles Wasser in den Lachen fest geworden ist. Wenn wir ein Stück dieser festen Masse in die Hand nehmen, so finden wir, daß sie kalt, zerbrechlich und durchsichtig ist. In einem warmen Zimmer zerschmilzt sie alsbald zu Wasser, und wir können das Wasser wie früher verdampfen lassen. Mit dem Namen **Eis** bezeichnen wir Wasser, das in dem festen Zustande ist; denn Schnee und Hagel sind nur verschiedene Formen, die das Eis annimmt. Wenn das Wasser sich unter eine bestimmte Temperatur abkühlt, so geht es in Eis über oder gefriert; diese Temperatur nennt man den **Gefrierpunkt** (Physik, Abschnitt 51).

88. Eis, wie wir es gewöhnlich sehen, könnte man für eine formlose Masse halten. Wir wollen aber einige Schneeflocken auffangen und sie, damit sie nicht schmelzen, im Freien prüfen. Wenn sie in einer Masse zusammenliegen, so haben sie ein weißes, undurchsichtiges Aussehen, in Wirklichkeit aber sind sie so durchsichtig wie Wasser; sie erscheinen nur weiß durch die Art, wie sie das Licht von ihren vielen glänzenden Spitzen zerstreuen. Um uns hiervon zu überzeugen, wollen wir eine oder zwei Flocken vorsichtig auf einer dunklen

Unterlage (z. B. auf dem Ärmel eines Rockes) von einander trennen, und wir werden finden, daß jedes Flöckchen einen mehr oder weniger vollkommenen Stern mit sechs Strahlen darstellt und aus kleinen Nadeln oder Kristallen von reinem, durchsichtigem Eis gebildet ist. Diese Schneekristalle sind so zart, daß sie oft schon beschädigt werden, wenn sie im Fallen durch die Luft gegen einander stoßen. Einige ihrer verschiedenen Formen sind in Fig. 4 abgebildet.

Fig. 4. — Formen von Schneeflocken.

89. In dem Maße, wie wir uns über die Oberfläche der Erde erheben, sinkt die Temperatur. Das kann man auf jedem hohen Berge und ebenso bei Ballonfahrten beobachten. Die oberen Schichten der Atmosphäre sind viel kälter als der Gefrierpunkt des Wassers. Aller Wasserdampf, der durch die aufsteigenden warmen Luftströme von der Erdoberfläche aufwärts getragen wird, gefriert daher in diesen Höhen und verwandelt sich in kleine Kristalle von Eis oder Schnee. Die zarten weißen Wölkchen, die wir oft in großer Höhe hängen sehen, bestehen wahrscheinlich aus Schnee. In Ländern aber, wo im Winter die Luft auch an der Erdoberfläche sehr kalt ist, z. B. in dem nördlichen Teile Europas oder Nordamerikas, fällt der Schnee bis auf den Boden und liegt dort wie eine weiße Decke, bis die wiederkehrende Wärme ihn hinwegschmilzt.

90. Abgesehen von Regen und Schnee nimmt die Feuchtigkeit der Luft noch manchmal die Form von Hagel an, der aus kleinen Eisstückchen, gleichsam aus gefrorenem Regen, besteht, sowie die Form von Graupeln, die aus teilweise geschmolzenem Schnee bestehen. Regen und Schnee sind aber am wichtigsten, und wir werden auf sie weiter unten zurückkommen, um zu lernen, welchen Anteil sie an den Veränderungen haben, denen die Erdoberfläche unterworfen ist (Abschnitt 104, 187).

VI. Die Bewegungen der Luft.

91. Ein wenig Aufmerksamkeit genügt, um uns zu zeigen, daß die Luft nie ruhig ist. Fast immer können wir ihre Bewegungen fühlen, von dem sanftesten Hauch bis zum heftigen Sturm. Und selbst dann, wenn sie so ruhig ist, daß wir keinerlei Bewegung in ihr spüren, so brauchen wir nur das Laub der Bäume oder den von den Schornsteinen aufsteigenden Rauch zu beobachten, um zu sehen, daß wenigstens ab und zu sich ein ganz leichter Windhauch erheben muß, denn die Blätter bewegen sich dann und wann, und der Rauch steigt selten gerade in die Höhe, sondern dreht sich, je nachdem er nach der einen oder der andern Seite getragen wird. Sehen wir nun, wie die Luft in Bewegung gesetzt wird.

92. Die Luft, die einen heißen Gegenstand umgibt, wird erwärmt; die Luft, die einen kalten Gegenstand berührt, kühlt sich ab. Heiße oder warme Luft ist leichter als kalte Luft. Wärme dehnt die Körper aus (Physik, Abschnitt 49), und diese Ausdehnung der Luft oder die Trennung ihrer einzelnen Teilchen von einander macht sie weniger dicht oder schwer als kalte

Luft, deren Teilchen näher zusammen liegen. Als Folge dieses Unterschiedes des Gewichtes oder der Dichtigkeit steigt die leichte warme Luft empor, während die schwere kalte Luft sinkt. Wir können dies leicht durch einen Versuch beweisen. Wir nehmen einen Schürhaken und erhitzen ihn im Feuer, bis das eine Ende rotglühend ist. Wir ziehen ihn zurück und bringen nun vorsichtig kleine Stückchen von leichtem Papier, Flaumfederchen oder irgend andere ganz leichte Gegenstände einige Zoll hoch über das heiße Ende: die Papierstückchen oder Flaumfederchen werden dann in die Luft empor getragen. Dies geschieht, weil die durch den Feuerhaken erwärmte Luft sofort emporsteigt und ihr Platz von kälterer Luft eingenommen wird, die, wenn sie warm wird, ebenfalls aufsteigt. Hält man das glühende Ende des Schürhakens zwischen Auge und Licht, so kann man tatsächlich das Zittern der aufströmenden Luft an der Art erkennen, wie sie die Umrisse der Gegenstände umher verzerrt.

93. Herde und Öfen sind nach dem Naturgesetz eingerichtet, daß erwärmte Luft aufsteigt. Das Feuer wird nicht auf der Herdplatte angezündet, denn dann bekäme es nicht genug Zug von unten und würde erlöschen. Es wird etwas über die Platte erhöht angelegt und ein Kamin darüber angebracht. Sobald das Feuer angebrannt ist, wird die Luft ringsumher warm und beginnt zu steigen, und die Luft aus der Küche wird von unten her herangezogen, um den Platz der aufsteigenden einzunehmen. Alle Luft, die über den brennenden Kohlen liegt, wird wärmer und leichter; sie entweicht daher durch den Schornstein, indem sie Rauch

und Gase mit fortträgt. Obgleich ein hell brennendes Feuer im Winter einen anheimelnden Anblick bietet, so dient doch nur ein Teil seiner Hitze zur Erwärmung des Zimmers. Ein großer anderer Teil der Hitze entweicht durch den Schornstein, und erwärmt nichts weiter als dessen Mauern und die äußere Luft. Aber ein offener Feuerplatz hat den Vorteil, daß er einen beständigen Zuzug äußerer Luft in das Zimmer verursacht, um den Platz der warmen Luft auszufüllen, die durch den Schornstein entweicht. Er veranlaßt also Ventilation. Ein geschlossener Ofen dagegen, bei dem die Zuleitung der Luft zu den brennenden Kohlen oder Holzstücken verhältnismäßig eng ist, und dessen große warme Fläche von Metall oder Porzellan den Raum gründlich erwärmt, fördert die Ventilation nicht, und deshalb muß für sie auf andere Weise gesorgt werden, um zu verhüten, daß die Luft dumpfig und ungesund werde.

94. Was im kleinen in unserm Hause vorgeht, geschieht in viel größerem Maße in der Natur. Wie schon erwähnt wurde (Abschnitt 51), ist die Sonne die große Quelle der Hitze, die unsere Erde erwärmt und erleuchtet. Auf dem Wege durch die Luft erwärmt die Sonnenhitze diese nur wenig, aber sie erwärmt die Oberfläche der Erde. Im Sommer sind die direkten Sonnenstrahlen heiß genug, um unser Gesicht zu verbrennen, und doch genügt schon ein dünnes Blatt Papier, das wir vor unser Gesicht gegen die Sonne halten, um das Gefühl der brennenden Hitze zu beseitigen, obschon uns fortwährend dieselbe Luft umspielt.

95. Land sowohl als Wasser werden durch die Sonnenstrahlen erwärmt, und dieselbe Art von Luft-

bewegung tritt ein, wie wir sie am Herd beobachten konnten. Die Luftschicht zunächst der erwärmten Erde wird selbst erwärmt. Da sie dadurch leichter wird, steigt sie auf, und ihr Platz wird durch kältere Luft eingenommen, die aus der Nachbarschaft herbeiströmt. Dieses Herbeiströmen der Luft ist Wind.

96. Es ist dann und wann leicht, zu beobachten, wie sich Wind erhebt. Wir wollen uns z. B. vorstellen, daß wir während des Sommers einige Zeit am Meeresstrande zubringen. Am Morgen oder in den ersten Stunden eines ruhigen und klaren Tages bemerken wir oft einen leichten Wind, der vom Lande nach dem Meere zu weht. Dieser Wind nimmt mit dem Vorrücken des Tages und dem Zunehmen der Wärme bis zum Nachmittag an Stärke zu, dann flaut er ab, und schließlich hört er auf. Aber gegen Abend fühlen wir einen andern Wind, der von der entgegengesetzten Seite kommt und mit herrlicher Kühle vom Meere nach dem Lande weht. Diese Land- und Seebrisen sind die Wirkungen der ungleichen Erwärmung und Abkühlung des Meeres und des Landes.

97. Machen wir uns diesen Vorgang klar. An einem heißen Tage werden die Steine, der Boden oder andere Teile des Landes unter dem Einfluß der Sonnenstrahlen sehr warm; wenn wir zu derselben Zeit im Meere baden, fühlen wir, daß das Wasser angenehm kühl ist. Dies zeigt, daß das Land schneller heiß wird als das Wasser. Anderseits wird nach einem heißen Tage die Oberfläche des Landes in der Nacht viel kälter als das Meer. Sie strahlt die Hitze schneller aus als das Meer. Am Tage erwärmt das heiße Land

die darüber liegende Luft und macht sie leichter, so daß sie aufsteigt; während die kältere und schwerere Luft, die auf dem Meere lagert, als eine kühle, erfrischende Seebrise landwärts strömt. Während der Nacht ist es gerade umgekehrt; denn dann ist die Luft, die auf dem kalten Lande liegt, kälter und schwerer als die, welche das wärmere Meer bedeckt, und fließt als kühler Landwind nach dem Meere ab.

98. So ist es klar, daß die Temperaturunterschiede eine besonders wichtige Ursache der Luftbewegungen sind. Aber eine andere höchst einflußreiche Ursache dieser Bewegungen liegt in dem fortwährenden Wechsel der in der Luft vorhandenen Dampfmengen. Da der Wasserdampf leichter ist als die Luft, so ist auch eine Mischung von Dampf und Luft leichter als die gleiche Menge Luft; und je mehr also die Dampfmenge wächst, desto weniger dicht wird die Mischung. Das Gewicht oder der Druck der Atmosphäre wird mit dem bekannten Instrument gemessen, das Barometer heißt. Je größer der Druck, desto höher steigt das Barometer, und je niedriger der Druck, desto mehr fällt es. Wenn viel Wasserdampf in die Luft aufsteigt, so ist die Folge, daß der Druck nachläßt und das Barometer fällt. Ein niederer Barometerstand, wie man sich ausdrückt, ist der gewöhnliche Begleiter von regnerischem und stürmischem Wetter.

99. Jeder Wechsel im Gewicht oder Druck der Atmosphäre, wie er durch Hinzukommen von mehr Wasserdampf entsteht, muß zu Luftbewegungen Anlaß geben. Die leichtere Mischung von warmer Luft und Wasserdampf steigt auf, und schwerere Luft fließt von

allen Seiten zu, um an ihre Stelle zu treten. Das Gesetz der atmosphärischen Zirkulation besteht darin, daß die Luft immer von Orten höheren Luftdrucks zu Orten niederen Luftdrucks strömt.

100. Wenn infolge von Temperaturänderungen oder von Schwankungen im Dampfgehalt das Gewicht der Luft über einer Gegend rasch geringer wird als über den umliegenden Räumen, so strömt die Luft von diesen Außengegenden mit Heftigkeit in das mittlere Gebiet, und je größer der Unterschied im Druck der Atmosphäre in den Nachbargebieten ist, um so gewaltsamer wird das Einströmen der Luft sein. Dies ist der Grund für die Entstehung der Stürme und Orkane.

101. Es gibt bestimmte Gegenden der Erdoberfläche, wo der Luftdruck immer hoch, und andere, wo er immer niedrig ist; folglich stehen diese beiden Gebiete in beständigem Luftaustausch. Der Wind bläst von den Hochdruckgebieten in die mit niedrigem Druck. Das Hauptgebiet niedrigen Druckes umgibt die Erdkugel als ein großer Gürtel um den ganzen Äquator und in einiger Ausdehnung an seinen beiden Seiten. Die Luft ist hier warm und feucht und die Verdampfung sehr rasch. Folglich herrscht hier ein beständiges Aufströmen der warmen, feuchten Luft, die sich, wenn sie sich etwas weiter über die Erdoberfläche erhebt, in reichlichen Regen kondensiert. Aber das Aufsteigen dieser äquatorialen, heißen Luft bedingt das Einströmen kälterer Luft von nördlich und südlich gelegenen Gegenden höheren Drucks. Dies beständige Hinfließen der Luft in die Äquatorgegend bildet die sogenannten Passat-Winde. Diese Winde sind ihrer Beständigkeit wegen

für die Schiffahrt sehr verläßlich und als solche von Alters her allen Seeleuten bekannt.

102. Aber ob sanft und beständig, oder plötzlich und heftig, die Ursache des Windes ist immer in der Verschiedenheit des Luftdrucks benachbarter Gebiete zu suchen, wobei das Gesetz gilt (Abschnitt 99), daß der Wind immer aus Gegenden hohen Luftdrucks nach Gegenden niederen Druckes hinweht.

Der Kreislauf des Wassers auf dem festen Land.

103. In Vorstehendem haben wir gelernt, daß die Luft von jeder Wasserfläche auf der ganzen Erde Wasserdampf aufnimmt, daß dieser Dampf sich zu sichtbarer Form verdichtet und als Tau, Nebel und Wolken erscheint, daß der Dampf, aus dem die Wolken bestehen, in Regen, Schnee, Hagel oder Graupeln verwandelt wird und in einer oder der anderen dieser Formen wieder auf die Erde herabfällt. So besteht zwischen der festen Erde unten und der Luft oben ein Kreislauf des Wassers. Dieser Kreislauf ist so unentbehrlich für die Erde, um sie zu einem geeigneten Aufenthalt für lebende Wesen zu machen, wie es der Kreislauf des Blutes ist, um unsern Körper am Leben zu erhalten. Er mischt und wäscht die Luft, indem er alle Unreinigkeiten fortschafft, z. B. solche, wie sie aus den Schornsteinen der Städte aufsteigen. Er befeuchtet und belebt den Boden und setzt ihn dadurch in den Stand, die Pflanzen zu ernähren. Er speist Quellen, Bäche und Flüsse. Kurz, er ist die Hauptquelle alles Lebens auf der Erde. Ein so wichtiger Teil des Mechanismus der

Welt verdient unserseits sorgfältige Berücksichtigung. Wir wollen nun zunächst sehen, was aus dem Regen und Schnee wird, nachdem sie aus der Luft auf die Erdoberfläche gelangt sind.

I. Was wird aus dem Regen?

104. Obwohl der Erdoberfläche fortwährend Wasser durch Verdunstung entzogen und durch Kondensation fortwährend zurückgegeben wird, so entsteht doch im ganzen und im Lauf der Jahre kein fühlbarer Verlust oder Gewinn an Wasser in unseren Seen, Meeren und Flüssen; Verdunstung und Kondensation gleichen sich aus.

105. Es ist aber klar, daß die eben erst aus der Luft gefallene Feuchtigkeit nicht sogleich wieder verdunstet. Wenn ein Regenschauer fällt, so sind die Wege nicht sofort trocken, sobald der Regen vorüber ist. Und wenn heftige Regengüsse einige Zeit anhalten, dann ist oft die ganze Gegend überflutet und bleibt es noch Tage lang, nachdem der Regen aufgehört hat. Der Boden wird schließlich wieder trocken, und das Verschwinden des Wassers ist zum Teil auf Verdunstung zurückzuführen. Eine große Menge des gefallenen Regens verschwindet aber auf andere Weise.

106. Da die Oberfläche des Meeres ungefähr dreimal so groß ist wie die des Festlandes, so ist wahrscheinlich der Regen, der in das Meer fällt, der größte Teil des Gesamtniederschlags der Erde, obwohl anderseits die hoch gelegenen und kalten Teile des Landes ohne Zweifel einen weit stärkeren Regenfall haben als irgend eine Stelle des Meeres. Indem der Regen sich

mit dem Wasser des Meeres vermischt, trägt er zum Ausgleich des Verlustes bei, den das Meer fortwährend durch Verdunstung erleidet. Denn das Meer ist die große verdunstende Fläche, von wo der meiste Dampf in der Atmosphäre herkommt.

107. Nichtsdestoweniger muß die Gesamt-Regenmasse, die auf das Festland fällt, ungeheuer groß sein. Man nimmt z. B. an, daß die jährliche Regenmasse, die auf Deutschland niederfällt, einen Raum von 56 Zentimeter Höhe über der ganzen Oberfläche des Landes einnehmen würde. In einigen Teilen von Britisch-Indien fällt so viel Regen, daß die jährliche Menge, wenn sie stehen bleiben könnte, das Land über elf Meter hoch bedecken würde.

108. Aber der Regen bleibt nicht stehen, wo er hinfällt. Er verschwindet bald und auf eine Weise, die unsere Aufmerksamkeit verdient. Vergegenwärtigen wir uns, was während eines Regenschauers vorgeht. Ist der Schauer heftig, so laufen kleine Rinnsale schmutzigen Wassers die Straßen oder Wege hinab oder aus den Furchen der Felder hervor. Einem dieser Rinnsale wollen wir folgen. Es führt in irgend einen Graben oder Bach, dieser in einen größeren Fluß und der Fluß wieder in einen Strom; wenn wir den Strom weit genug verfolgen, so leitet er uns zum Meere. Das Regenwasser fließt also, wenigstens teilweise, vom Festlande ab in das Meer. Denken wir nun an die vielen Bäche und Ströme in der Welt, wo ein solcher Wasserabfluß stattfindet, so können wir uns vorstellen, wie groß die Regenmasse sein muß, die in das Meer abfließt.

109. Aber schon ein kurzes Nachdenken überzeugt

uns, daß nur ein Teil der Regenmenge durch Bäche und Ströme abfließt. Da von jeder Wasserfläche Dampf in die Atmosphäre aufsteigt, so verdunstet ohne Zweifel ein Teil des Regens, der auf den Erdboden fällt, sogleich, und diese Verdunstung dauert so lange, wie das Wasser der Luft ausgesetzt bleibt. Versuche und Messungen sind angestellt worden, um zu ermitteln, wie viel von der niedergefallenen Regenmenge durch Verdunstung verloren geht, und es ergab sich, daß diese Menge ungefähr dreiviertel bis zweidrittel beträgt; mit anderen Worten: nur der dritte oder vierte Teil des Gesamtniederschlags fließt durch die Ströme in das Meer ab.

110. Weiteres Nachdenken führt uns indessen zu der Beobachtung, daß das Regenwasser noch auf eine andere Art unseren Blicken entschwindet. Wir wollen uns vorstellen, daß ein schwerer Regen fiel, nachdem der Boden durch lange Trockenheit ausgedörrt war, und daß wir nach dem Regen eine Schaufel voll Erde ausgraben. Finden wir jetzt die Erde trocken? Nein; denn ein Teil des Regens ist in die Erde eingesickert. Und wenn wir tief genug graben oder zusehen, was vorgeht, wenn Arbeiter ein tiefes Loch machen, so finden wir, daß die Erde nach unten zu nicht nur feucht ist, sondern oft so viel Wasser enthält, daß wir es sammeln und auf die Oberfläche bringen können. Es ist also klar, daß eine große Menge des Regens, der auf die Erde fällt, versinkt und sich in der Tiefe ansammelt. Wenn er auf diese Art verschwindet, ist er dann dem allgemeinen Kreislauf, den wir verfolgt haben, entzogen? Und wenn nicht, wie kann er je wieder auf die Oberfläche gelangen?

111. Wenn wir über diese Frage ein wenig nachdenken, so leuchtet uns sofort ein, daß das im Erdboden versinkende Wasser dem Kreislauf nicht entzogen sein kann, was auch da unten mit ihm geschehen mag. Wenn es für immer von der Oberfläche entfernt wäre, so müßte die Wassermenge auf der Erde fortwährend und sichtlich abnehmen. Die Meere müßten kleiner und seichter werden; die Flüsse und Seen würden austrocknen. Solche Veränderungen kommen, soweit man sehen kann, in Wirklichkeit nicht vor. Das Meer wogt so breit und tief wie seit Menschengedenken, und die Flüsse und Seen bleiben im ganzen, wie sie waren. Wenn also ein Teil des Wassers, das in die Erde einsinkt, nie wieder zur Oberfläche gelangt, so muß es ein so geringer Teil sein, daß es im Verhältnis zu dem, das wieder erscheint, garnicht in Betracht kommt. Ungeachtet des Regens, der in der Erde verschwindet, geht der Kreislauf des Wassers zwischen der Luft, dem Festland und dem Meere ohne merkliche Verminderung weiter.

112. Ohne Zweifel muß also das unterirdische Wasser durch irgend welche Mittel wieder auf die Oberfläche gelangen. Dies geschieht, wie wir aus dem folgenden Abschnitt lernen werden, durch Quellen, die aus der Erde entspringen und Wasser ans Tageslicht bringen, um die Bäche und Flüsse zu speisen, durch die es dem Meere zugeführt wird.

113. Jetzt können wir die Frage beantworten: Was wird aus dem Regen? Ein Teil sickert in die Erde und kommt später in Quellen wieder empor; ein Teil sammelt sich in Bächen und Flüssen; aber von der Gesamtregenmenge des Festlandes gelangt doch nur ein Drittel oder

ein Viertel durch die Ströme ins Meer: der Rest geht durch Verdunstung verloren.

114. Zwei verschiedene Wege verfolgt also das Regenwasser: einen unter und einen über der Erde. Es empfiehlt sich, zuerst den unterirdischen zu verfolgen.

II. Wie Quellen entstehen.

115. Ein wenig Aufmerksamkeit genügt, um zu sehen, daß der Boden und das Gestein, aus denen die Oberfläche einer Gegend besteht, sowohl in der Härte wie im Gefüge oder im Korn sehr von einander verschieden sind. Manche sind ganz lose und porös, andere sind fest. Sie unterscheiden sich folglich sehr in bezug auf ihre Wasserdurchlässigkeit. Eine Sandschicht z. B. ist durchlässig, d. h. sie läßt das Wasser frei durchsickern, weil die kleinen Sandkörnchen lose an einander liegen und sich nur an manchen Stellen berühren, so daß freier Raum zwischen ihnen bleibt. Das Wasser findet durch diesen freien Raum leicht seinen Weg. Die Sandsteinschicht kann in der Tat eine Art von Schwamm werden, indem sie ganz mit Wasser gesättigt wird, das von der Oberfläche herabgesickert ist. Eine Tonschicht hingegen ist undurchlässig; sie besteht aus sehr kleinen Teilchen, die dicht an einander liegen und daher dem Durchgang des Wassers Widerstand leisten. Wo eine solche Schicht vorkommt, da hindert sie den freien Durchgang des Wassers, das weder von oben nach unten einsickern, noch von unten wieder an die Oberfläche kommen kann; es wird durch den Ton zurückgehalten und gezwungen, sich einen andern Ausweg zu suchen.

116. Sandiger Boden ist trocken, weil er den Regen

sofort durchsickern läßt; lehmiger Boden hingegen ist feucht, weil er das Wasser zurückhält und es am freien Eindringen in die Erde hindert.

117. Wenn das Wasser von Regen oder geschmolzenem Schnee in den Boden oder in Gesteine eindringt, so bleibt es dort nicht stehen. Wo ein tiefes Loch in den Boden gegraben wird, träufelt das zwischen den Teilchen der Erde oder des Gesteins befindliche Wasser von allen Seiten in das Loch und sammelt sich auf dessen Boden zu einer Lache. Wenn das Wasser herausgeschöpft wird, so rinnt neues unablässig von den Seitenwänden nach, und in kurzer Zeit ist die Lache wieder gefüllt. Dies zeigt uns, daß das unterirdische Wasser in jeden freien Raum einfließt, den es erreichen kann.

118. Die Gesteine unter uns sind, abgesehen von der porösen Beschaffenheit mancher, z. B. des Sandsteines, alle mehr oder weniger von Spalten oder von Sprüngen durchzogen — manchmal sind es nur Risse, wie die einer zersprungenen Fensterscheibe, oft aber weite und offene Klüfte und Gänge. Diese zahlreichen Kanäle dienen dem unterirdischen Wasser als Durchgänge. Obwohl daher ein Gestein so hart und so feinkörnig sein kann, daß Wasser überhaupt kaum hindurch zu sickern vermag, so läßt es doch, wenn es viele solcher Sprünge enthält, eine reichliche Wassermenge durchfließen. Kalk z. B. ist ein sehr hartes Gestein, dessen Korngefüge Wasser kaum durchläßt; doch ist er voller Sprünge, und diese Spalten sind oft so weit, daß sie viel Wasser durchfließen lassen.

119. In hügeligen Gegenden, wo der Boden noch nicht dem Pflug unterworfen ist, sind manche Stellen

sumpfig und feucht, selbst wenn das Wetter lange trocken war. Überall umher ist durch die Sonnenhitze der Boden vielleicht ganz hart gebrannt, aber diese Stellen bleiben der Hitze zum Trotz naß, weil hier Wasser beständig aus der Erde ausfließt. Dieses beständige Hervorsickern von Wasser aus der Erde erhält die Stelle feucht und sumpfig. An andern Stellen sickert das Wasser nicht bloß spärlich aus der Erde, sondern sprudelt hervor als Quelle.

120. Quellen sind die natürlichen Auslässe für unterirdisches Wasser. Doch man kann fragen: warum hat dies Wasser solche Auslässe, und was ist die Ursache, daß es, nachdem es einmal unter der Oberfläche versunken ist, wieder zu ihr aufsteigt? Um diese Frage beantworten zu können, müssen wir uns die Verhältnisse klar machen, die für das Grundwasser bestehen. Alle Teile der festen Erde, die wir vor uns haben, oder die wir durch den Bergbau erforschen können, bestehen aus zwei Arten von Gesteinen. In der einen Art ist das Material in parallelen Lagen geschichtet, gerade so wie Sand, Kies und Schlamm noch gegenwärtig auf dem Grunde der Teiche, Flüsse und des Meeres lagern. Diese Art von Gestein nennt man daher geschichtet (Fig. 5), die andere Art hat keine so regelmäßige Struktur, sondern ist von vielen Spalten und Verwerfungen durchzogen, das sind die ungeschichteten Gesteine. Diese beiden Arten von Gestein sind für das Grundwasser durchlässig, jedes in seiner eigenen Weise.

121. Die folgende Zeichnung (Fig. 5) stellt dar, in welcher Art geschichtete Gesteine im Verhältnis zu einander liegen, wie wir sie in manchen tiefen Gräben oder Einschnitten sehen können, z. B. in einem Tal

oder in der Schlucht eines Wildbaches, in einem Eisenbahneinschnitte oder einem Steinbruch. Wir wollen annehmen, daß *a* eine flache Lage irgend eines undurchlässigen Gesteines, z. B. Lehm sei, und *b* eine andere Schicht von poröser Masse, z. B. Sand. Der Regen, der auf die Erdoberfläche fällt und durch die obere Schicht *b* sickert, wird von der unteren *a* aufgehalten, wo er sich entweder ansammelt oder längs der Oberfläche dieser unteren Lage einen Ausgang findet. Wenn die Sohle eines Tales oder einer Schlucht

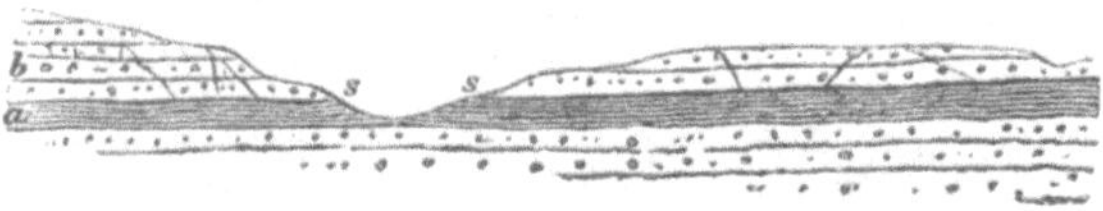

Fig. 5. — Ursprung der Quellen auf der Erdoberfläche.

unterhalb der Schicht liegt, längs der das Wasser fließt, so entspringen an den Talseiten Quellen und zwar an den Punkten, die der Holzschnitt bei *s s* zeigt. Die Ausgangslinie kann entweder, wie in diesem Falle, die Vereinigungsstelle von zwei verschiedenen Gesteinsarten oder eine der bereits erwähnten zahlreichen Spalten sein, von denen sowohl geschichtete wie ungeschichtete Gesteine durchzogen werden. Wie dies auch sei, das Wasser muß immer weiter und abwärts fließen, so lange es Gänge findet, durch die es seinen Weg fortsetzen kann, und die Gesteine unter der Erde sind gewöhnlich so voller Spalten, daß es immer ohne Schwierigkeit weiterfließen kann.

122. Ein großer Teil des unterirdischen Wassers sinkt aber ohne Zweifel weit unter das Niveau der Täler und selbst unter das Niveau des Meeres. Und dennoch

kommt selbst aus dieser Tiefe das Wasser schließlich wieder an die Oberfläche. Um diesen Vorgang zu erklären, wollen wir einen einzelnen Wassertropfen von der Zeit an, da er als Regen in die Erde sinkt, bis dahin verfolgen, wo er nach langem Auf- und Abwandern durch das Innere der Erde die Oberfläche wieder erreicht. Er sickert mit anderen Tropfen durch

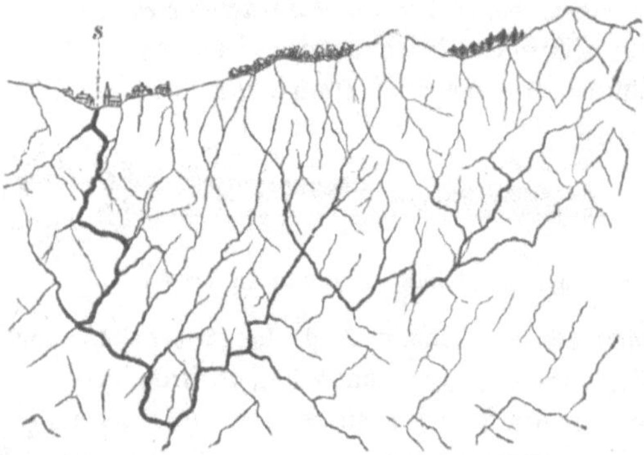

Fig. 6. — Profil einer Gegend, um die Entstehung tiefer Quellen zu zeigen. Die zahlreichen Spalten in den Gesteinen leiten das Wasser in einen Hauptkanal, durch den es bei S als Quelle wieder zur Oberfläche aufsteigt.

den Boden und trifft auf ein schwaches Rinnsal oder auf eine vollere Wasserader, die sich ihren Weg durch Spalten und Kanäle der Gesteine bahnt. Auf diese Weise sinkt er vielleicht einige hundert Meter tief, sowohl durch geschichtete wie ungeschichtete Gesteine, bis er auf solche stößt, die er nicht durchdringen kann. Unterdessen sind ihm andere Tropfen auf seinem gewundenen Pfade bis zu demselben Hindernis an der tiefsten Stelle gefolgt. Die Vereinigung aller dieser

Tropfen bildet eine Ansammlung von Wasser, auf die ein fortwährender Druck ausgeübt wird durch das von oben neu hinzukommende Wasser. Da das eingeschlossene Wasser nicht tiefer dringen kann, muß es versuchen, nach einer andern Seite zu entweichen. Durch den Druck von oben wird es in andere Spalten und Gänge getrieben, es windet sich auf und ab, bis es zuletzt wieder zur Oberfläche gelangt. Dort bricht es als laufende Quelle hervor. (Vgl. Physik, Abschnitt 23.)

123. So ist jede Quelle, die aus der Erde entspringt, ein Beweis dafür, daß unter der Erde ebensowohl ein Kreislauf des Wassers stattfindet wie auf der Oberfläche. Aber außer diesen natürlichen Ausgängen dienen die in die Erde gegrabenen künstlichen Öffnungen als Beweis für den unterirdischen Kreislauf des Wassers. Man gräbt Löcher, Brunnen genannt, um das Wasser zu sammeln, das durch unterirdisches Gestein sickert oder filtriert. Bergwerke, Schachte, Steinbrüche und tiefe Aushöhlungen aller Art werden gewöhnlich vom Wasser belästigt und müssen durch starke Maschinen, die das Wasser auspumpen, trocken gehalten werden. Aber so wasserreich ist oft der unterirdische Kreislauf, daß das Wasser sich ebenso schnell wieder ansammelt, wie es ausgepumpt wird.

III. Die Arbeit des unterirdischen Wassers.

124. Nirgends erscheint das Wasser reiner, als wenn es in einer kristallklaren Quelle aus der Erde sprudelt. Wasser, völlig rein im chemischen Sinne, soll nur aus den zwei Elementen Sauerstoff und Wasserstoff bestehen. In dem Wasser jeder Quelle ist aber, so klar und durch-

sichtig sie auch sein mag, noch etwas anderes. Wenn wir wirklich reines Wasser kochen, so können wir es ganz verdampfen lassen, ohne daß es eine Spur zurückläßt. Aber trotz der Anwendung der feinsten Apparate und trotz der größten Bemühungen ist es bis jetzt unmöglich gewesen, absolut reines Wasser zu erhalten. Selbst der Regen, der die reinste natürliche Art von Wasser ist, nimmt immer etwas Unreinigkeit aus der Luft auf. Aber diese Unreinigkeit ist unbedeutend im Verhältnis zu der, die im Wasser jeder gewöhnlichen Quelle vorhanden ist. Wenn wir eine bestimmte Menge Quellwasser verkochen lassen, so bleibt ein Rest in fester Form zurück. Klare Durchsichtigkeit ist daher kein Beweis für die chemische Reinheit des Wassers (s. Chemie, Abschnitt 20, 21).

125. Wenn also der Regen fast ganz reines Wasser ist und dieses Wasser nach einer längeren über- und unterirdischen Wanderung irgendwo als Quelle zum Vorschein kommt und nun mehr oder weniger andere Stoffe enthält, so muß es diese von den Gesteinen, durch die es gedrungen ist, erhalten haben. Die so aufgenommenen Stoffe sind für das Auge nicht sichtbar, da sie sich in sogenannter chemischer Lösung befinden (Chemie, Abschnitt 23). Wenn wir einige Körnchen Salz oder Zucker auf einen Teller legen und Wasser darüber gießen, so werden sie im Wasser aufgelöst und verschwinden; sie verbinden sich mit dem Wasser. Wir können sie nicht sehen, können aber doch ihr Dasein durch den Geschmack erkennen, den sie dem Wasser, worin sie aufgelöst sind, mitteilen.

126. Der in die Erde einsickernde Regen löst etwas

von den erdigen Substanzen auf, durch die er geht. Während das Wasser durch die unterirdischen Gesteine dringt, löst es ebenfalls etwas von ihren Bestandteilen auf. Aber Erde und harter Fels sind widerstandsfähiger als Salz oder Zucker. Wir wollen versuchen zu ermitteln, wie sie von dem Wasser angegriffen werden.

127. Wir haben vorhin gelernt, daß einer der wichtigsten Bestandteile der Luft die Kohlensäure ist, und daß dieser Stoff von Pflanzen und Tieren der Luft sowohl entnommen als auch wieder zugeführt wird (Abschnitt 45). Der Regen nimmt im Herabfallen durch die Atmosphäre etwas Luft auf. Als Gemengteile der Luft werden etwas Kohlensäure und andere Gase und Dämpfe, Staubteilchen, kleinste Organismen und andere in der Luft schwebende Dinge vom niederfallenden Regen erfaßt, der auf diese Weise die Luft reinigt und bewirkt, daß sie gesünder wird, als sie sonst sein würde. Wer in der Stadt wohnt, mache den Versuch, ein wenig Regenwasser in einer sorgfältig gereinigten Schale aufzufangen und etwas davon auf einer reinen Glasplatte einzudampfen. Ein geringer Rest wird zurückbleiben, der sich bei starker Vergrößerung als eine Ansammlung von kleinen Flöckchen, Teilchen von Ruß und Staub, einzelnen Kristallen von Salz oder anderen mineralischen Beimengungen der Luft erweist.

128. Der Regen nimmt aber nicht nur Unreinigkeiten aus der Luft auf — er empfängt reichliche Zutaten, sobald er den Erdboden erreicht. In einer Handvoll Feld- oder Gartenerde bemerken wir die zarten Fasern faulender Wurzeln und Blätter. Der Erdboden enthält immer mehr oder weniger organische Bestand-

teile — das heißt Überreste von toten Pflanzen und Tieren. Und mit diesen Überresten sind Kohlensäure und einige andere Säuren verbunden (Abschnitt 45, 138, 156). Legen wir etwas von der Erde auf ein Stück Eisen und halten es ins Feuer, so verbrennen wir die organische Materie, entfernen die Kohlensäure und verändern die Farbe der Erde.

129. Bewaffnet mit der Kohlensäure, die es aus der Luft erhält, und außerdem mit der größeren Menge dieser und anderer Säuren, die von dem Erdboden entnommenen faulenden organischen Überresten geliefert werden, ist das Regenwasser ausgerüstet, Gesteine anzugreifen und sich in einer Weise in sie hineinzunagen, wie es reines Wasser nicht vermöchte. (Chemie, Versuch 28.)

130. Wasser, das diese Säuren enthält, übt eine bemerkenswerte Einwirkung auf manche Gesteine, selbst auf einige der allerhärtesten aus. Es löst mehr oder weniger von ihren Bestandteilen und entfernt sie. Wenn es z. B. Kalk angreift, so löst es einen Teil davon und führt ihn in gelöstem Zustande hinweg, obwohl es immer klar und durchsichtig bleibt. In Gegenden, wo Kalk ein reichlich vorkommendes Gestein ist, zeigt sich diese Tätigkeit des Wassers bisweilen sehr auffallend daran, daß in der Erdoberfläche Höhlen ausgewaschen sind. In solchen Gegenden ist das Quellwasser gewöhnlich h a r t — es enthält soviel mineralische Bestandteile in Lösung, daß man eine größere Menge Seife für häusliche Zwecke braucht; während Regenwasser und Quellen, die wenig Unreinigkeit enthalten und verhältnismäßig wenig Seife erfordern, w e i c h genannt werden (Chemie 26).

131. Viele der Bestandteile, die durch das Wasser der Quellen dem Grunde entnommen werden, sind für das Leben der Pflanzen und Tiere nützlich. Kalk, Salz

Fig. 7. — Unterirdischer Kanal, durch Wasser in Kalkfels ausgehöhlt.

und Eisen z. B. werden im Quellwasser empor geführt und sind alle von großem Wert. Kalk liefert Stoff zu den Knochen der Tiere, und Eisen führt dem Blute die färbenden Teile zu. Wir erhalten fast alles, was wir von diesen Dingen brauchen, aus unserer festen

Nahrung; doch ist Quellwasser, insofern es sie enthält, gesünder zum Trinken und Kochen als Regenwasser.

132. Da jede Quelle auf der Welt tätig ist, Stoffe irgend welcher Art an die Oberfläche zu bringen, so ist es klar, daß die Menge des auf diese Weise aufgelösten und fortgeschwemmten Gesteins sehr groß sein muß. Unterirdische Kanäle und Gänge entstehen besonders in Kalkgebirgen, denn das Wasser löst immer etwas von der Oberfläche, über die es fließt, und erweitert so die Sprünge und Spalten zu größeren Gängen. Auf diese Weise sind in manchen Ländern unter der Erde große Höhlen von beträchtlicher Höhe und einigen Kilometern Länge entstanden. Hier und da fällt sogar die Decke dieser Höhlen ein, und Flüsse, die in solche unterirdischen Gänge gelangen, fließen dort bisweilen eine weite Strecke, bis sie später wieder die Oberfläche erreichen (Fig. 7).

IV. Wie die Oberfläche der Erde verwittert.

133. Wenn ein Gebäude aus Steinen einige hundert Jahre lang gestanden hat, so ist das saubere, glatte Aussehen, das die Mauern durch den Baumeister bekommen hatten, meist verschwunden. In die Steine sind Löcher und Furchen eingenagt, und die Verzierungen über den Fenstern und Türen sind so zerstört, daß wir vielleicht gar nicht mehr erkennen können, was sie darstellen. Dieses verwitterte Aussehen ist bei altem Mauerwerk so häufig, daß wir es immer bei alten Gebäuden erwarten, und wenn es fehlt, zu zweifeln geneigt sind, ob das Gebäude wirklich alt sein kann.

134. Und ferner: auf einem Begräbnisplatz, der

eine altehrwürdige Kirche umgibt, sind die Grabsteine um so mehr verwittert, je älter sie sind. Bisweilen, besonders auf frei aufgestellten Marmortafeln in Städten, sind die Inschriften, die eine oder zwei Generationen zurück datieren, so stark zerstört, daß sie nicht länger die Namen und Verdienste derjenigen verkünden, zu deren Gedächtnis sie aufgestellt wurden.

135. Dieses Zerfallen des harten Steines im Laufe der Zeit ist eine allgemein bekannte Tatsache. Haben wir aber jemals darüber nachgedacht, warum es so ist? Woher kommt es, daß der Stein verwittert, und welchen Nutzen für die Natur hat dieser Vorgang?

136. Bei Bauten und anderen Werken menschlicher Kunst kann man die Natur und die Größe der Verwitterung beobachten und messen, denn die Steine, rauh und verwittert wie sie jetzt sind, gingen mit glatt behauener Oberfläche aus den Händen der Steinmetzen hervor. Aber der Verfall beschränkt sich nicht auf menschliche Schöpfungen; wir sehen an ihnen nur ein Beispiel dessen, was über die weite Fläche der Welt hin vor sich geht.

137. Wir sollten jede Gelegenheit benutzen, um die Tatsache, daß die Oberfläche der Erde allmählich verwittert, festzustellen. Prüfen wir alle alten Gebäude und freistehenden Monumente in unserer Umgebung, beobachten wir die Klippen, Schluchten, Spalten und Wasserrinnen in unserer Gegend. Am Fuße jeder Klippe werden wir den Boden mit Blöcken und mit Haufen von kleineren Stücken bedeckt finden, die von den Felsen herabgefallen sind. In Gegenden, wo die Winter kalt sind, werden die Klippen sehr durch den Frost ange-

griffen (Abschnitt 140), und man kann bisweilen die frische Abbruchstelle bemerken, von der aus neue Massen sich abgelöst haben, um die Trümmerhaufen unten zu vergrößern. Trotz ihrer anscheinenden Festigkeit verwittern daher selbst die härtesten Gesteine; denn wo sie der Luft ausgesetzt sind, da sind sie in jedem Klima der Zerstörung anheimgefallen. Wir wollen jetzt sehen, wie dieser Wandel gewöhnlich vor sich geht.

138. Zunächst müssen wir für einen Augenblick zu der Tätigkeit der Kohlensäure und der anderen organischen Säuren zurückkehren, die bereits (Abschnitt 128 bis 130) beschrieben ist. Wir fanden, daß Regenwasser vermittelst der Kohlensäure und anderer Säuren, die es Luft und Boden entzieht, fähig wird, das Gestein des Erdbodens anzunagen. Der Regen, der auf der Oberfläche des Bodens stehen bleibt oder abfließt, wirkt auf gleiche Weise. Teilchen für Teilchen löst er soviel von dem Gestein, als er fortführen kann. Bei einigen Gesteinen, wie z. B. beim Kalk, ist die ganze oder beinahe die ganze Masse des Gesteins löslich. Bei andern Arten bildet der lösliche Teil das Zement, das die Masse des Gesteins verbindet, so daß, wenn dies Zement weggeführt wird, das Gestein zu Erde und Sand zerfällt, die leicht vom Regen weggeschwemmt werden. Eine Ursache also für das Verwittern der Steine ist die Tätigkeit der vom Regen aufgenommenen Säuren.

139. Zweitens trägt der vom Regen aus der Luft aufgenommene Sauerstoff zu der Zersetzung der Gesteine bei. Wenn ein Stück Eisen in einem feuchten Klima längere Zeit der Luft ausgesetzt ist, so rostet es. Im Laufe von Jahren werden eiserne Geländer, auch

wenn sie mit einer schützenden Hülle von Ölfarbe bedeckt sind, mit einer Kruste eines schmutziggelben Staubes überzogen, der sich in sie hinein zu fressen scheint, bis sie ganz zerstört sind. Dieser gelbe Staub oder Rost ist eine chemische Verbindung des Eisens mit dem Sauerstoff der Luft. Diesen Sauerstoff hat das Regenwasser oder die Feuchtigkeit, die sich als Tau auf der metallenen Oberfläche niederschlägt, der Luft entnommen. Er bildet sich so lange weiter, als noch ungerostetes Eisen vorhanden ist. Wenn eine Kruste Rost abgewaschen ist, wird eine neue Schicht Eisen den Angriffen des Sauerstoffes freigelegt. Was an einem eisernen Geländer oder einem Messer aus Stahl vorgeht, geschieht auch, obgleich weder so schnell noch so stark, bei vielen Gesteinen: sie rosten ebenfalls, indem sie Sauerstoff aufnehmen. Es bildet sich auf ihrer Oberfläche eine Kruste von zerfressenem Gestein, und wenn diese vom Regen, Wind oder Frost beseitigt ist, so wird eine frische Lage Gestein von dem immer gegenwärtigen und tätigen Sauerstoff angegriffen.

140. Drittens wird die Oberfläche vieler Gegenden der Welt durch den Frost der Zerstörung preisgegeben. Wer in einem Klima wohnt, wo die Temperatur unter den Gefrierpunkt sinkt, kennt manche Wirkungen des Frostes sehr gut. Wenn die Kälte sehr groß wird, so platzen Röhren, die mit Wasser gefüllt sind, und mit Wasser gefüllte Krüge zerspringen von unten bis oben. Der Grund hierfür liegt darin, daß Wasser sich beim Gefrieren ausdehnt. Eis erfordert mehr Raum als Wasser, wenn es flüssig bleibt. Wenn sich Eis in einem geschlossenen Raume bildet, so übt es einen großen

Druck aus auf die Wände des Gefäßes oder des Hohlraumes, den es ausfüllt. Wenn diese Wände nicht stark genug sind, um den Druck auszuhalten, so müssen sie nachgeben, und daher zerspringen sie. (Physik, Abschnitt 61.)

141. Wie der Erdboden gewöhnlich so porös ist, daß das Regenwasser leicht durchsickert, so sind auch die Gesteine mehr oder weniger durchlässig. Selbst die härtesten und dichtesten unter ihnen nehmen etwas Wasser auf. Bei Beginn des Winters enthält also der Boden Feuchtigkeit nicht nur in der Erde, sondern auch in den Gesteinen. Tritt nun Frost ein, so gefriert diese überall eingedrungene Feuchtigkeit. Mit jedem Wasserteilchen geht dann genau dasselbe vor wie bei der geborstenen Wasserröhre oder dem zersprungenen Krug. Es ist einerlei, ob sich das Wasser in einer Höhle oder einem Spalt oder zwischen den Teilchen der Gesteine oder des Bodens angesammelt hat. Sobald es gefriert, dehnt es sich aus und versucht die Wände, die es umschließen, auseinander zu treiben.

142. Hieraus ergeben sich einige merkwürdige und interessante Wirkungen des Frostes auf den Erdboden. Nach einer Frostnacht scheinen oft die kleinen Steine auf einer Landstraße oder einem Fußpfad aus ihrem Lager teilweise hervorgedrängt zu sein. Wenn der Boden taut, so ist die Oberfläche der Straße mit einer Schicht feinen Schlammes bedeckt. Der Frost trennt die Körnchen von Sand und Ton, indem die Feuchtigkeit zwischen ihnen gefriert, so daß, wenn diese wieder auftaut, die Erdpartikelchen nicht mehr zusammenhängen und aussehen, als ob man sie in einem Mörser zerstoßen hätte. Der Frost ist also dem Landmann von großem Nutzen,

indem er den Boden lockert und ihn für die Wurzeln und Wurzelfasern der Pflanzen aufschließt. Wenn die Oberfläche einer Felsmasse sich voll von Regen gesogen hat, so erleiden die Teilchen des Gesteins denselben Druck, indem das Wasser zwischen ihnen, in den Poren, gefriert. Da sie nicht so lose und zugänglich sind, wie die Teilchen der Erde, so leisten sie der Wirkung des Frostes bessern Widerstand. Natürlich leiden die porösesten Steine oder solche, die das meiste Wasser enthalten, am meisten vom Frost; einige von ihnen, wie bestimmte Arten von Sandstein, sind aus dieser Ursache schnellem Verfall ausgesetzt. Schicht auf Schicht des Steines wird abgetragen, oder seine Körner werden von einander gelöst und vom Regen weggewaschen.

143. Das Wasser gefriert aber nicht nur zwischen den Körnern, aus denen sich die Gesteine zusammensetzen, sondern auch in den Spalten, die in Abschnitt 118 erwähnt wurden. Wie diese Spalten die Wirkung des Frostes unterstützen, kann man an der Oberfläche einer Felsenklippe oder in einem Steinbruch beobachten, wo man sie als nahezu senkrechte Bruchlinien sieht, die das Gestein in große Blöcke und Säulen zerlegen. Sie erleichtern dem Steinbrecher die Arbeit, das Gestein in die ihm nötigen Blöcke zu brechen, und die Natur gebraucht sie zu einem ähnlichen Zweck und zwar in folgender Weise. Spalten dienen, wie wir sahen (Abschnitt 118, 121), als Durchgänge für das von der Erdoberfläche herabsickernde Wasser. Jedesmal, wenn das Wasser gefriert, strebt es, die Wände der Spalte auseinander zu treiben. Nach vielen Wintern ist es zuletzt imstande, sie etwas zu trennen; dann

dringt mehr Wasser ein, und der Frost gewinnt größere Kraft, bis zuletzt der von der Spalte durchsetzte Felsblock vollständig losgetrennt ist. Wenn dies an der Oberfläche einer steilen Felsklippe vorgeht, so fällt manches der losgelösten Stücke zum Talboden hinunter.

144. Diese Art der Zerstörung ist auf dem beigegebenen Holzschnitte (Fig. 8) dargestellt, der uns das Profil einer von senkrechten Spalten durchsetzten, geschichteten (Abschnitt 120) Felsmasse zeigt. Diese Spalten haben sich längs der Vorderseite immer mehr erweitert, bis sich große Blöcke ablösten und hinunter fielen. Zu gleicher Zeit verwittern die innerhalb der Spalten befindlichen Steinblöcke an der Oberfläche und ragen oft als freistehende Säulen oder Zinnen empor. In Gegenden, die harten Wintern ausgesetzt sind, ist die bei steilen Klippen durch den Frost verursachte Zerstörung oft außerordentlich groß.

145. Außer der Kohlensäure, dem Sauerstoff und dem Frost gibt es noch andere Einwirkungen, wodurch die Oberfläche der Erde verwittert. Wenn z. B. Gesteine am Tage durch heißen Sonnenschein stark erhitzt werden und sich dann in der Nacht durch Ausstrahlung schnell abkühlen, so lockert die durch die extremen Temperaturen verursachte Ausdehnung und Zusammenziehung die Teilchen des Steines, so daß sie abbröckeln und selbst ganze Schichten des Steines nach und nach abfallen. In sehr trockenen Gegenden wirkt diese Ursache besonders stark (Abschnitt 61). Auch der Wind legt, indem er die gelösten Felsteilchen fortweht, neue Schichten bloß und scheuert die Oberfläche auch harter Gesteine ab, indem er den Sand gegen sie treibt. Die

Sandmassen der großen Wüsten auf der Erde sind wahrscheinlich entstanden durch den allmählichen Zerfall des Gesteins in einem trockenen Klima mit großen täglichen Temperaturschwankungen und die nachmalige Aufhäufung der verwitterten Teilchen durch den Wind.

Fig. 8. — Zerstörung einer Klippe.

146. So sehen wir, daß die festen Gesteine der Erde durch die mannigfachsten Ursachen der Zerstörung und Veränderung ausgesetzt sind. Sowohl der härteste wie

der weichste Stein muß zuletzt nachgeben und zerfallen. Sie zerfallen aber nicht alle mit derselben Schnelligkeit. Wenn wir die Mauer eines alten Gebäudes näher betrachten, so können wir fast alle Stufen der Zerstörung wahrnehmen. Einige der Steine sind kaum angegriffen, während andere fast ganz verschwunden sind. Wenn dies bei den Gebäuden geschieht, so können wir uns darauf verlassen, daß es in der Natur ebenso ist, und daß manche Felsen und Klippen oder Teile davon schneller und in anderer Weise zerfallen als andere. Jedes Gestein hat seine ihm charakteristische Art der Verwitterung.

147. Zuerst ergreift uns wohl Verwunderung, daß eine allgemeine Zerstörung der Erdoberfläche stattfinden soll, und wir fragen, warum dies in einer Welt geschieht, die uns so schön und herrlich scheint. Ja wir möchten versucht sein, diese Zerstörung als ein kaum zu erklärendes Unglück anzusehen. Aber anstatt ein Unglück zu sein, ist sie in Wahrheit nötig, um die Erde zu einem geeigneten Wohnort der Tiere und Pflanzen zu machen. Ihr verdanken wir die Bildung von Tälern und Schluchten und die malerischen Formen der Felsen und Berge. Aus den verwitterten Steinen entsteht die gesamte Ackererde, und von der Bildung und Erneuerung dieser Erde sind wir hinsichtlich unserer täglichen Nahrung abhängig. Wie dies vor sich geht, werden wir im folgenden Abschnitt erfahren.

V. Was geschieht mit den verwitterten Teilen der Gesteine? Wie entsteht die Ackererde?

148. Nehmen wir aus einem Garten oder einem Felde eine Handvoll Erde auf und betrachten sie genau.

Aus was besteht sie? Wir sehen Sand- und Lehmteilchen mit kleinen Stückchen von verwittertem Stein, und wahrscheinlich auch einige Pflanzenfasern. Nun wollen wir versuchen zu lernen, wie diese verschiedenen Dinge zusammen kamen.

149. Wir kehren wieder zu dem allgemeinen Verfall der Erdoberfläche zurück, die im vorigen Kapitel geschildert wurde. Die Worte „Verfall", „Zerstörung" und andere von ähnlicher Bedeutung werden diesem Vorgang beigelegt. Obgleich aber die Felsmassen zerbröckeln und dadurch alljährlich kleiner werden, so findet doch kein wirklicher Verlust des Stoffes der Erdoberfläche statt. Das Material des Gesteins kann nicht vernichtet werden. Es ändert nur seine Beschaffenheit und Form und wechselt seinen Platz. Was geschieht nun aber mit all den Stoffen, die fortwährend von der Oberfläche des Festlandes gelöst werden?

150. In einem früheren Kapitel (Abschnitt 138) haben wir die chemische Tätigkeit des Regens verfolgt, wenn er Teile der Gesteine auflöst. Durch die jahrelange, fortwährende Wiederholung desselben Vorganges, Tropfen auf Tropfen und Schauer auf Schauer, werden die Gesteine erstaunlich zerstört und abgenützt. Aber der Regen hat auch eine mechanische Wirkung.

151. Wir wollen beobachten, was geschieht, wenn die ersten klatschenden Tropfen eines Gewitterregens auf eine weiche Sandfläche wie die einer Seeküste fallen. Jeder Tropfen macht eine kleine Vertiefung. Er drängt die Sandkörner zur Seite. Auf einer schiefen Fläche, wo die Tropfen zusammenlaufen und hinabströmen können, sind sie imstande, Sand oder Lehm-

teilchen mit fortzutragen. Dies nennt man eine mechanische Wirkung, während die wirkliche Auflösung der Teilchen, wie wir z. B. Zucker oder Salz auflösen, ein chemischer Vorgang ist. Jeder Regentropfen kann auf eine oder auf beide Arten wirken.

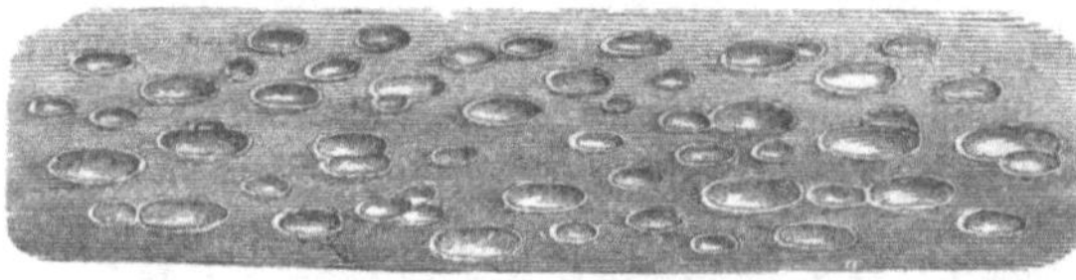

Fig. 9. — Regenspuren in Sand- und Lehmboden.

152. Jetzt braucht es uns nicht mehr zu überraschen, daß der Regen so viel zur Zerstörung der Gesteine beiträgt. Er löst nicht nur einzelne Teile heraus und läßt eine bröckelnde Kruste auf der Oberfläche zurück, sondern er wäscht auch diese Kruste ab und legt so eine neue Oberfläche für die Zerstörung frei. Auf diese Weise wird fortwährend zerstäubter Stein über die Erdoberfläche zerstreut. Teile dieses Materials sammeln sich in Löchern und auf schiefem oder wagerechtem Boden; andere Teile werden in Flüsse oder Seen geschwemmt, während ein beträchtlicher Prozentsatz schließlich ins Meer geführt wird. Dies verwitterte Gestein ist es, wodurch die angeschwollenen Ströme trübe werden (Abschnitt 7): wodurch der Sand und Kies im Bette eines Flusses oder am Rande eines Sees gebildet wird.

153. Es ist dieser verwitterte Stein, der gemischt mit Pflanzen- und Tierresten die sogenannte Erde oder den **Humus** bildet. Erde ist selbstverständlich je nach den

Gesteinen, aus denen sie besteht, in ihrer Beschaffenheit verschieden. Aus Sandstein z. B. entsteht sandige Erde, aus Kalkstein kalkige und aus Tonerdegesteinen lehmige Erde.

154. Wenn die Gesteine nicht verwitterten und zu Erde würden, so wäre das Land nicht mit Grün bedeckt. Denn die Pflanzen ziehen einen Teil ihrer Nahrung aus der Erde. Nackte Flächen von nicht verwitterndem Fels würden den Wurzeln keine Nahrung geben. Die Bestandteile des Gesteins müssen mehr oder weniger zersetzt und zerbröckelt sein, ehe die Pflanzen die nötige Nahrung ihnen entnehmen können. Aber durch das Verfallen ihrer Oberfläche werden nackte Felsen in Tälern und Ebenen mit fruchtbarer Erde bedeckt, und nur dort, wo die Klippen und Felsen sich zu steil erheben, um ihre Verwitterungsreste auf sich selbst zu sammeln, ragen sie nackt und kahl empor.

155. Da die Verwitterung der Erdoberfläche unablässig vor sich geht, so findet auch eine fortwährende Neubildung von Humus statt. In der Tat, wenn dies nicht der Fall wäre — wenn eine Humusschicht, die sich am Boden gebildet hätte, dort unbewegt und unerneut bleiben müßte —, so würden die Pflanzen nach und nach alle die für ihre Ernährung brauchbaren Stoffe aus der Erde ziehen, und diese würde bei schließlicher Erschöpfung nicht mehr imstande sein, eine Vegetation zu ernähren, wenigstens keine solche, wie sie bisher auf ihr lebte. Aber dieser Zustand kann nicht eintreten, weil der Humus beständig erneuert wird, teils durch die Zufuhr frischen Verwitterungsmaterials benachbarter Felsen oder Steine, teils durch Verwitterung des Unter-

grundes oder durch Zersetzung von Gesteinen unter dem Boden. In dem Maße, wie der obere Erdboden durch Regen und Wind weggeführt wird, nagt sich die Verwitterung nach unten in das noch nicht angegriffene Grundgestein, und so wird der Boden von unten herauf erneuert, vielleicht eben so schnell, wie er oben weggewaschen wird. Selbst die einzelnen Steine in der Humusschicht verwittern fortwährend und bilden neue Erde. Und so wird Tag für Tag der Boden langsam erneuert, und der für das beständige Wachstum der Pflanzen nötige Ersatz ist gesichert.

156. Die Pflanzen tragen ebenfalls zur Bildung und Erneuerung des Bodens bei. Sie strecken ihre Wurzeln zwischen den Körnern und Spalten der Gesteine aus und lockern sie. Ihre verfaulenden Wurzeln liefern die Kohlensäure und andere Säuren, von denen die Steine angegriffen werden, und den größten Teil der organischen Stoffe im Boden. Selbst die gemeinen Regenwürmer sind von großem Nutzen dadurch, daß sie den Boden durcheinander mischen und Blätter und Zweige in die Erde ziehen. Sie beschleunigen durch diese Tätigkeit die Umwandlung des Bodens in Humus und bringen, was unten liegt, auf die Oberfläche.

157. Wenn wir über diese Zerstörung und Erneuerung des Bodens nachdenken, so sehen wir, daß man in der Tat die ganze Oberfläche des Festlandes als zum Meere hinabwandernd sich vorstellen muß. Die von den Gipfeln oder Abhängen der höchsten Berge abgelösten Teilchen brauchen vielleicht viele hundert oder tausend Jahre zu dieser Reise; sie liegen vielleicht lange auf den Abhängen, dann werden sie hinabgeschwemmt

und bilden einen Teil des Talbodens; von dort aus können sie nach Jahren hinweggetragen und im Bett oder am Ufer eines Flusses abgelagert werden; aber nach manchem Aufenthalt auf dem Wege erreichen sie endlich das Meer und werden als Sand und Schlamm an seinem Strande und auf seinem Grunde abgelagert.

158. Um uns einen Begriff davon zu machen, in welchem Maße die lockeren Bestandteile von der Erdoberfläche weggeführt werden, brauchen wir nur zu beobachten, was nach heftigem Regen vorgeht. Jeder kleine Bach wird trübe durch die Erde, die der Regen von den benachbarten Abhängen in ihn hineingeschwemmt hat. Der Schlamm, der das Wasser trübt, besteht aus den feineren Teilchen zersetzter Gesteine; die gröberen Teile sinken nach unten und bewegen sich auf dem Grunde des Wassers. Wenn wir diese Wasserläufe beobachten und bedenken, daß sie, wie jetzt, schon seit undenklichen Zeiten arbeiten, so wird uns klar, wie sehr die Oberfläche eines Landes durch die Tätigkeit des Regens, einer auf den ersten Blick so unbedeutenden Erscheinung, verändert werden kann.

VI. Bäche und Flüsse. Ihre Entstehung.

159. Wir müssen zu einem früheren Abschnitt (113) zurückgehen, wo über den Verbleib des Regens die Rede war. Wir sahen, daß ein Teil des Regens in die Erde eindringt, und wir haben seinen Gang verfolgt, bis er wieder als Quell zur Oberfläche gelangt. Jetzt haben wir in ähnlicher Weise dem andern Teile des Regens zu folgen, der in Bächen und Flüssen auf der Oberfläche fließt.

160. Zu diesem Zwecke gewährt uns ein sanft abfallender Weg während eines heftigen Regengusses die beste Veranschaulichung. Stellen wir uns auf eine solche Landstraße bei Beginn des Regens da hin, wo der Weg ein deutliches Gefälle hat. Zuerst macht jeder der großen schweren Tropfen in dem Staub oder Sand eine jener schon beschriebenen kleinen Vertiefungen (Abschnitt 151). Bei zunehmendem Regen werden diese Regenspuren verwischt, und bald ist die ganze Straße voll Wasser. Sehen wir nun, wie das Wasser abfließt.

161. Bei genauer Betrachtung zeigt die Straße viele Unebenheiten — an einer Stelle ein langes Gleis, an einer andern einen hervorstehenden Stein und noch viele andere Ungleichheiten, die unser Auge nicht leicht entdecken konnte, so lange der Weg trocken war, die aber das Wasser sogleich enthüllt. Jede kleine Vertiefung oder Erhöhung wirkt auf die Strömung des Wassers ein. Wir sehen, wie sich die Regentropfen zu dünnen Strömchen fließenden Wassers vereinigen, die den Vertiefungen folgen, und wie die hervorragenden Steine oder Erdstückchen diese Ströme bald nach der einen, bald nach der anderen Seite lenken.

162. Nach der Höhe der Böschung hin sieht man nur schwache Wasserrinnen. Weiter unten werden sie zwar der Zahl nach geringer, zugleich aber größer. Sie vereinigen sich im Hinabströmen; die größeren, schnelleren Rinnsale am Fuße des Abhanges bilden sich so aus einer Anzahl der kleineren, die von den höheren Stellen der Böschung herabkommen.

163. Dieser abfallende Weg mit seinen verzweigten Regenrinnen, die hinunterströmen und bei weiterem

Vordringen sich zu größeren Flüßchen vereinigen, zeigt uns also deutlich, wie der Regen von der geneigten Oberfläche eines Landes oder Kontinentes abfließt; wir werden auf diese Erscheinung noch zurückkommen.

164. Warum rinnt das Wasser den abfallenden Weg hinunter, und warum fließen die Ströme immer nach derselben Richtung? Es geschieht dies aus demselben Grunde, warum ein Stein auf die Erde fällt, wenn er unserer Hand entgleitet: weil beides abhängig ist von der Anziehung nach dem Mittelpunkte der Erde, welche Anziehung man Schwere nennt (Physik, Abschnitt 4). Jeder Regentropfen fällt zur Erde, weil er durch die Anziehungskraft hinunter gezogen wird. Wenn er den Boden erreicht hat, so steht er noch immer unter demselben Einfluß, und er fließt abwärts in den ersten Kanal, den er finden kann. Sein Herabfallen aus den Wolken auf die Erde geschieht direkt und schnell, sein Herabfließen von den Bergen zum Meere als Teil eines Flusses geht oft in langer Zeit und langsam vor sich; die Ursache der Bewegung bleibt aber in beiden Fällen dieselbe. Das Hin- und Herwinden der Ströme, das Rauschen ihrer Stromschnellen, das Brausen ihrer Wasserfälle und das geräuschlose Dahinfließen ihres tiefen dunkeln Stromstriches, das alles sind Beweise für den großen Einfluß des Gesetzes der Schwere auf die Gewässer der Erde.

165. Der Teil des Regens, der nicht in die Erde einsinkt, beginnt also durch die Wirkung der Schwerkraft sogleich den nächsten Abhang hinunter zu fließen und fließt so lange, bis er nicht mehr weiter kommen kann. Auf der Oberfläche der Erde befinden sich Vertiefungen,

die einen Teil des fließenden Wassers festhalten und es in Seen sammeln, gerade wie auch auf den Wegen Vertiefungen sind, in denen sich etwas Regen ansammelt. Meistens aber lassen sie das Wasser am unteren Ende eben so schnell wieder ablaufen, wie es am obern hereinströmt, und dienen daher nicht als dauernde Ruheplätze für das Wasser. Ströme, die aus Seen kommen, fließen ebenso weiter wie vorher, indem sie sich ihren Weg bis zum Meere bahnen. So ist also der Lauf aller Flüsse ein abwärts führender, und das Meer ist das große Sammelbecken, in das sich das Wasser des Landes fortwährend ergießt.

166. Wäre die Oberfläche eines Landes nur ein langer sanfter Rücken, wie das Dach eines Hauses, so flösse der Regen schnell zu beiden Seiten in das Meer ab. Dies ist aber durchaus nicht die allgemeine Gestalt der Oberfläche des Festlandes. Berge, Hügel, Täler, Schluchten und Seen geben ihm eine sehr unebene und mannigfaltige Form. Außer diesen gleich ins Auge fallenden Unebenheiten haben selbst Strecken, die auf den ersten Blick eben scheinen, manche Böschungen und Unebenheiten; gerade wie wir auf der Straße manche Unregelmäßigkeiten des Bodens fanden, die unserm Blick entgingen, bis sie durch den Regen hervortraten. Wasser läßt also sehr genau die Niveauverhältnisse eines Landes erkennen. Es wird nie eine Böschung hinauffließen oder auf ihr still stehen, sondern sucht immer die niedrigste Stelle auf, die es finden kann.

167. Hieraus folgt, daß der Regen, trotzdem er gleichmäßig über die ganze Oberfläche einer Gegend fällt, doch nicht gleichmäßig über diese Oberfläche fließen kann, weil der Boden uneben ist und der Regen not-

wendigerweise in die Vertiefungen abfließt. Infolge dieser Unebenheiten sammelt sich der Regen zu Bächen und diese zu Flüssen.

168. Die Bäche und Flüsse eines Landes sind also die natürlichen Abzugsgräben, durch die der Überschuß an Regen, den weder der Boden noch die Quellen aufnehmen, und der nicht sofort wieder durch Verdunstung in die Luft aufsteigt, dem Meere wieder zugeführt wird. Wenn wir die ungeheure Regenmenge und die unendliche Zahl von Bächen in den höheren Teilen eines Landes betrachten, scheint es uns im Anfang kaum glaublich, daß alle diese Ströme das Meer erreichen, ohne die niederen Gegenden zu überschwemmen. Eine solche Überschwemmung findet aber nicht statt; denn wenn sich zwei Flüsse zu einem vereinigen, so brauchen sie kein Strombett, das doppelt so breit ist, wie jedes der beiden einzelnen Wasserläufe war. Im Gegenteil, durch eine solche Vereinigung entsteht oft ein Strom, der schmäler ist als jeder der beiden Quellflüsse. Aber er wird schneller und tiefer. Auf diese Weise nehmen Tausende von Flüßchen, wie sie sich im Herabfließen vereinigen, immer weniger Raum ein, bis schließlich der Überschuß an Wasser einer ganzen weiten Gegend in einem einzigen Flußbett dem Meere zugeführt wird.

169. Einige weitere Erläuterungen für die Entwässerung einer Gegend entnehmen wir unserem Beispiel von der Straße im Regen. Vom Fuße des Abhanges ausgehend fanden wir, daß die Regenrinnen schmäler und schmäler wurden, bis nach dem Gipfel hin alle aufhörten. Wenn wir nun die Straße auf der andern Seite des Bergrückens hinunter gehen, so werden

wir auch dort kleine Strömchen antreffen, die nach der entgegengesetzten Richtung abfließen. Auf dem Gipfel scheint sich der Regen zu teilen; ein Teil fließt nach der einen Seite, der andere nach der andern.

170. Ebenso finden wir, wenn wir vom Meer aus einen Fluß hinauffahren, daß er schmäler wird und sich mehr und mehr in Nebenflüsse verzweigt, und daß diese sich wieder in fast zahllose kleine Bäche teilen. Nehmen wir aber einen dieser Nebenflüsse und fahren in ihm stromaufwärts, so kommen wir endlich zu den ersten Anfängen eines kleinen Baches, und wenn wir noch etwas weiter gehen, so erreichen wir den Bergrücken, auf dessen anderer Seite alle Bäche in der entgegengesetzten Richtung fließen. Die Linie, die zwei Stromgebiete in dieser Weise teilt, nennt man Wasserscheide. In Deutschland z. B. ergießen sich die meisten Flüsse in die Nord- und Ostsee, andere durch die Donau in das Schwarze Meer. In Nordamerika führen viele große Ströme das Wasser des Kontinents östlich vom Felsengebirge in den Atlantischen, eine Reihe von kleinen und kürzeren Flüssen fallen im Westen in den Stillen Ozean. Wenn wir auf einer Karte eine Linie ziehen, die alle die oberen Wasserläufe der einen Seite von denen der anderen trennt, so bezeichnet diese Linie die Wasserscheide des Landes oder des Kontinents.

171. Aber in einem wichtigen Punkte läßt uns das Beispiel von der Straße im Regen gänzlich im Stich. Die Wasserrinnen sind nur während oder nach einem starken Regen sichtbar. Sobald der Regen aufhört, beginnen die Pfützen aufzutrocknen, und nach kurzer Zeit wird der Weg wieder fest und staubig. Die Bäche und

Flüsse aber verschwinden nicht, obwohl der Regen aufhört. In der Hitze des Sommers, wenn es vielleicht tagelang nicht geregnet hat, ist ihr Wasserstand noch leidlich hoch, wenn auch nicht so hoch wie in den anderen Jahreszeiten. Was erhält sie voll? Wir haben bereits in einem früheren Abschnitt gelernt, wie diese Frage zu beantworten ist: Flüsse werden ebensowohl durch Quellen wie durch den Regen gespeist.

172. Wenn es auch eine Zeitlang nicht regnet, so fahren doch die Quellen fort, ihre Beisteuer von Wasser zu liefern, und dies erhält die Flüsse im Gange. Kommt aber eine große Trockenheit, so hören viele Quellen, namentlich die nicht tiefen, auf zu fließen, und die durch sie genährten Flußläufe werden kleiner oder, wenn sie sehr unbedeutend sind, ganz trocken. Dies ist bei manchen Flüssen in unserm Lande der Fall, da sie alle verhältnismäßig klein sind. Die großen Ströme der Erde dagegen, wie z. B. der Mississippi, entwässern so große Landstrecken, daß Niederschlag oder Trockenheit, die bloß örtlich auftreten, keinen fühlbaren Unterschied in ihrer Wassermenge ausmachen.

173. In einigen Ländern der Welt sind jedoch die Flüsse im Sommer und Herbst breiter als im Winter und Frühling. Der Rhein z. B. beginnt zu steigen, wenn die Hitze des Sommers wächst, und fällt bei Eintritt des Winters. Dies kommt daher, weil dieser Strom seine Quelle in den Schneebergen der Schweiz hat. Schnee schmilzt im Sommer sehr schnell, und sein Schmelzwasser gelangt in Bäche und Flüsse, die dadurch mächtig anschwellen. Im Winter hingegen bleibt der Schnee liegen; die aus der Luft auf die Berge fallende

Feuchtigkeit ist hauptsächlich Schnee, und die Kälte ist so groß, daß die Bäche zufrieren. Die Zufuhr von Wasser durch die Quellen ist daher sehr vermindert, und die Flüsse selbst werden in gleichem Maße kleiner.

174. Zusammenfassung. — Fassen wir nochmals alles zusammen, was in den vorhergehenden Abschnitten über die Zirkulation des Wassers gesagt worden ist: Von den höchsten Teilen des Landes bis hinunter zum Meere strömt das Wasser immer abwärts. Es verbreitet sich nicht über die ganze Fläche des Landes, sondern sammelt sich in den tiefen Stellen, wo es Ströme bildet, die sich hin und her winden und nach immer tieferen Gebieten streben, bis sie zuletzt im Meere verschwinden. Vom Meere und ebenso von allen Wasserflächen des Landes steigt beständig Wasserdampf in die Luft, aus der er wieder zurückkehrt und zu Regen oder Schnee kondensiert auf Land und Meer herabfällt, um den Erdboden zu befeuchten, die Quellen und unterirdischen Wasserläufe mit Wasser zu versehen und die Ströme zu nähren, die ins Meer abfließen. Diese Zirkulation des Wassers geht ohne Aufhören weiter.

VII. Bäche und Flüsse. Ihre Arbeit.

175. Im ersten Abschnitt dieses Büchleins haben wir die Tätigkeit eines Flusses beobachtet. Jetzt wollen wir zu demselben Schauspiel zurückkehren, aber vor dem damals geschilderten Sturm. Der Fluß ist noch nicht von dem plötzlichen und heftigen Regen angeschwollen. Er fließt sanft über sein Kiesbett; vielleicht bedeckt er es nicht einmal ganz, sondern bildet Kiesbänke und Wasserlachen, zwischen denen der klare Wasser-

lauf, infolge von Trockenheit sehr klein geworden, sich hinwindet. Der Fluß scheint nichts weiter zu tun, als in trägem Lauf den Überschuß an Wasser vom Lande dem Meere zuzuführen Und doch verrichtet er noch eine andere bestimmte Arbeit und tut sie fortwährend.

176. Überlegen wir, woher das Wasser des Flusses kommt. Wir haben gesehen, daß Flußwasser großenteils aus Quellen stammt, und daß alles Quellwasser mehr oder weniger gelöste mineralische Bestandteile enthält. Jeder Fluß führt also nicht nur Wasser, sondern auch große Mengen mineralischer Stoffe in das Meer. Man hat z. B. ausgerechnet, daß der Rhein in einem Jahre so viel Kalk in die Nordsee schwemmt, daß man daraus dreihundert und zweiunddreißig tausend Millionen Austerschalen machen könnte. Dieser chemisch aufgelöste Stoff ist dem Auge nicht sichtbar und ändert die Farbe des Wassers in keiner Weise. Das ganze Jahr hindurch, so lang das Wasser fließt, geht dieser unsichtbare Transport von Gesteinsteilchen weiter.

177. Kehren wir nun noch einmal zu unserm Fluß zurück, wenn er angeschwollen und sein Wasser nicht mehr klar, sondern trüb und schmutzig ist. Wir überzeugten uns schon früher, daß diese Verfärbung von Schlamm und Sand herrührt, die im Wasser schweben. Stundenlang können wir dort stehen und den angeschwollenen, trüben Strom sein Ufer entlang brausen sehen. Während dieser Zeit werden viele Tonnen Kies, Sand und Schlamm an uns vorbeigetragen. Abgesehen von den chemisch gelösten Mineralteilchen eilt also der Strom auch noch mit großen Massen anderer und sichtbarer Stoffe dem Meere zu. Man kann bisweilen deutlich hören, wie die

Steine auf dem Grunde des Flußbettes aneinanderstoßen, während sie von der Wasserflut fortgerollt werden. So ist es klar, daß ein großer Teil der Arbeit eines Flusses in dem Fortführen der verwitterten Teile des Landes, der sogenannten Sinkstoffe besteht, die durch die Quellen oder den Regen ihm zugeführt werden.

178. Die Flüsse tragen aber auch zu der allgemeinen Zerstörung der Erdoberfläche bei. Hiervon können wir uns leicht überzeugen, wenn wir bei niedrigem Wasserstande die Uferwände oder das Bett eines Flusses betrachten. Wo der Strom über harte Gesteine fließt, da sind diese ganz geglättet und abgerieben, und die Steine, die im Wasserlaufe liegen, sind auch alle mehr oder weniger abgerundet und geglättet. Als diese Steine durch Frost oder andere Ursachen zuerst von den Felsen und Klippen abbröckelten, da waren sie ebenso scharfkantig wie die in den Steinhaufen am Fuße einer verwitterten Klippe oder einer steilen Felsenwand. Sobald sie aber in den Fluß geschwemmt wurden oder hineinfielen, da wurden sie gerollt und gerieben, bis ihre scharfen Ecken abgestoßen waren und sie die glatten, runden Formen annahmen, die wir an dem gewöhnlichen Kies sehen. Auf diese Art bilden sich Sand und Schlamm, die von dem Strom fortgeschwemmt werden und gleich ebenso vielem Polierpulver ihren Teil dazu beitragen, die Felsen, über die ihr Weg geht, zu glätten und abzunutzen.

179. Während die Steine abgerieben werden, scheuern sie zu gleicher Zeit die Felsen ab, die den Boden und die Seiten des Kanals bilden, durch den sie getrieben werden. In manchen Wirbeln des Stromes werden die Steine in steter Drehung erhalten, bis sie in das feste

Gestein tiefe, runde Höhlungen gebohrt haben, die man Töpfe oder Topfhöhlungen nennt. Wenn das Wasser niedrig steht, z. B. während der Trockenheit des Sommers, liegen manche dieser Aushöhlungen offen, und

Fig. 10. — Topfhöhlungen, die durch einen Strom in das Gestein seines Bettes eingegraben wurden.

wir können bemerken, wie schön sie geglättet sind. Ihr gewöhnliches Aussehen ist in Fig. 10 dargestellt.

180. Es ist klar, daß dies unaufhörliche Abnutzen und Abreiben der Steine und Felsen im Strombett

eine doppelte Folge haben muß. Erstens muß eine Menge Schlamm und Sand entstehen, und zweitens muß das Flußbett ausgeschürft werden, so daß es tiefer und weiter wird. Dem Sand und Schlamm gesellen sich ähnliche Stoffe hinzu, die von der verwitterten Oberfläche des Landes in den Strom geschwemmt werden. Durch das Vertiefen und Erweitern der Wasserrinnen werden die malerischen Formen der Schluchten und Klammen im festen Gestein ausgehöhlt.

181. Untersuchen wir nun zunächst, was aus allem Schlamm, Sand, Kies und den Steinblöcken wird, die von den Flüssen ständig fortgeführt werden. Zu diesem Zwecke betrachten wir wieder ein Flußbett im Sommer. An einer Stelle ist es mit Kiesbänken bedeckt, an einer andern mit Sandbänken, während hier und dort ein Stück eines harten Gesteins aus den verschiedenen Gebilden des Flußbettes herausragt. Bei näherer Beobachtung dieser losen Bestandteile finden wir, daß sie unter Wasser immer in Bewegung sind. Eine Kies- oder Sandanhäufung kann längere Zeit anscheinend unbeweglich bleiben; aber ihre oberen Sandkörner erneuern sich trotzdem ständig, während das Wasser sie überflutet und vorwärts bewegt. In der Tat: die losen Bestandteile, über die der Strom fließt, verhalten sich ähnlich wie der Strom selbst. Wir können nach vielen Jahren wiederkommen, und wir finden den Fluß noch da mit seinen Wellen und Wirbeln und seinem sanften Murmeln. Obgleich aber der Fluß während der ganzen Zeit da war, so hat sein Wasser doch in jeder Minute gewechselt, wie wir diesen Wechsel noch fortwährend wahrnehmen können. Und

obwohl lose Bestandteile das Bett immer mehr oder weniger bedecken, so sind es nicht stets dieselben. Sie werden unaufhörlich vorwärts getrieben, und andere rücken aus dem Oberlaufe des Stromes nach, um ihren Platz einzunehmen.

182. Auf dem Grunde der Flüsse können also die von der Oberfläche des Landes abgebröckelten Teile keine bleibende Stätte finden. Doch entledigen sich die Flüsse einer großen Menge dieser Bestandteile, während sie weiter strömen. Vielleicht haben wir schon oft bemerkt, daß die Ufer eines Flusses von einer flachen Ebene umsäumt sind, deren Oberfläche nur wenige Fuß über dem Wasserspiegel liegt. Die meisten unserer Flüsse haben solche Ufer und scheinen sich durch eine lange, flache, schwemmlandartige Ebene zu schlängeln. Diese Ebene besteht aus Lehm, Sand oder Kies, die der Fluß mitgeführt hat. Während eines hohen Wasserstandes steigt der angeschwollene und schlammige Fluß über seine Ufer und breitet sich über die Niederungen zu beiden Seiten aus. Sobald dies geschieht, bewegt sich das überfließende Wasser langsamer über die Flächen, und da seine Strömung auf diese Weise gehemmt ist, so kann sie nicht so viel Sand und Schlamm tragen, sondern läßt manche dieser Bestandteile auf den Boden sinken. Bis zu einem gewissen Grade wird auch das Wasser durch die Vegetation, über die es auf der überschwemmten Fläche fließt, filtriert. Auf diese Weise werden die überschwemmten Teile durch den Fluß mit einer Erdschicht überdeckt, und wenn das Wasser sinkt, hat sich die Ebene um diese Schicht erhöht. Dasselbe geht Jahr für Jahr vor, bis die Ebene allmählich so

sehr erhöht ist, daß der Fluß, der unterdessen auch geschäftig war, sein Bett zu vertiefen, sie selbst während der höchsten Flut nicht überschwemmen kann. Im Laufe der Zeit zerstört der Fluß, der sich von einer Talseite zur anderen bewegt, Teile der Ebene und bildet eine neue Ebene in einem tieferen Niveau. So entsteht eine Reihe von Terrassen, die stufenweise über dem Fluß aufsteigen.

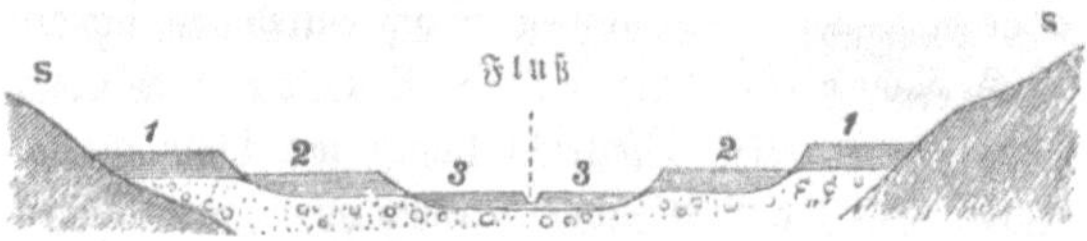

Fig. 11. — Querdurchschnitt eines Flußbettes mit den übereinander lagernden Terrassen (1. 2. 3.) von Sand, Erde und Kies.

183. Mit der Ablagerung von Sand und Schlamm und der dadurch bedingten Bildung einer oder mehrerer solcher Kiesterrassen entledigt sich jedoch der Fluß nur zeitweilig dieser Stoffe. Sie können immer noch fortgeschwemmt werden und werden in der Tat in dem Maße beständig fortgeschwemmt, wie der Fluß seine Ufer zerstört.

184. Wenn die Strömung eines Flusses bei seiner Mündung in das Meer oder in einen See aufgehalten wird, so hat das schwächere Fließen des Wassers zur Folge, daß Sand und Schlamm zu Boden sinken. Allmählich werden auf diese Weise manche Teile des Bodens bis zur Oberfläche des Flusses aufgefüllt, und es entstehen zu beiden Seiten des Hauptstromes weite ebene Marschgegenden. Während der Überschwemmungen sind diese Strecken ebenso von schlammigem Wasser überflutet wie die vorher geschilderten Talebenen, und es setzen sich so lange Schlamm- oder Sandschichten auf

ihnen ab, bis sie sich allmählich über die Oberfläche des Stromes erheben, der sich in unzähligen Verzweigungen zwischen ihnen hindurch windet. Auf diesem flachen Sumpfland beginnen Pflanzen zu wachsen, auch Tiere finden darauf Nahrung und Obdach, und so entsteht durch die Arbeit des Stromes eine neue Landstrecke.

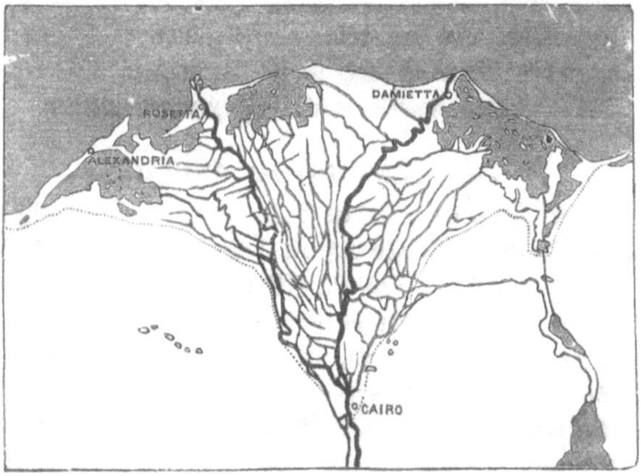

Fig. 12. — Delta des Nil.

185. Diese flachen, durch den Strom gebildeten Landstrecken werden Deltas genannt, weil die im Altertum bekannteste — die des Nil — die Gestalt des griechischen Buchstaben Δ (Delta) hatte. (Fig. 12.) Dies ist die Form, welche die Anschwemmungen an den Mündungen der Flüsse gewöhnlich annehmen; das flache Delta wird nach dem Lande zu schmal und gegen das Meer hin breiter. Einige sind außerordentlich groß; das Delta des Ganges und Brahmaputra z. B. bedeckt einen Flächenraum von ungefähr 90000 Quadrat-

kilometern, oder einen Raum ungefähr so groß wie Bayern und Sachsen zusammen.

186. Jedes Delta besteht also aus Teilen, die von der Oberfläche des Landes abgespült sind und vom Fluß herangeschwemmt wurden. Aber so mächtig einige dieser Deltas sind, so enthalten sie doch noch nicht alle abgespülten Teile. Eine große Menge wird weiter fortgeführt und auf dem Meeresgrunde abgelagert; denn das Meer ist das große Becken, in das die Trümmer des Landes unablässig getragen werden.

VIII. Schneefelder und Gletscher.

187. Nachdem wir den Lauf des Wassers verfolgt haben, das als Regen auf die Erde fällt, kommen wir nun zu dem des Schnees. (Abschnitt 90.)

188. Auf den niedrigeren Bergen Zentral- und Südeuropas — z. B. Harz, Cevennen — liegt oft tiefer Schnee im Winter, aber er verschwindet im Sommer. Auf den Gipfeln mancher Berge gibt es schattige Klüfte, die nach Norden gerichtet sind, in denen sich tiefe Schneeanhäufungen selbst im höchsten Sommer finden; denn nur an solchen kühlen geschützten Stellen hält sich der Schnee, ohne zu schmelzen.

189. Aber in den Alpen, in Norwegen, in der Himalayakette und andern Teilen der Welt, wo die Berge noch höher sind, erglänzen die Spitzen und Hochkämme der Berge weiß von ewigem Schnee. Kaum macht irgend etwas auf der Welt einen größeren Eindruck auf uns als die Ruhe und Größe dieser hohen Schneeregionen. Von den Tälern aus gesehen, erscheinen die Berge so groß und entfernt, so weiß und rein, und dabei strahlen

sie so herrlich alle die Farben wieder, die am Morgen- oder Abendhimmel glühen, daß es uns vorkommt, als gehörten sie eher zum Himmel über uns als zu der festen Erde, auf der wir leben. Aber erst wenn wir in ihrer Mitte tüchtig emporsteigen, enthüllt sich uns ihre wundervolle Pracht ganz. Spitzen und Zinnen strahlen in blendender Weiße gegen das Dunkelblau des Himmels, während hier und da purpurne Schattenstreifen liegen und Köpfe des dunklen Gesteins aus dem weißen Mantel herausragen, der weit und breit seine schweren Falten über Grate und Abhänge wirft und lange Zungen von blauem Eis bis in die Wiesen und Gärten der Täler hinabsendet. Tiefes Schweigen herrscht in diesen hohen Eisregionen. Hie und da bringt ein Windstoß aus weiter Ferne das Geräusch eines abgelegenen Wasserfalles oder das Tosen eines Wildbaches. Bisweilen kommt ein dumpfes Brüllen wie Donner, wenn eine losgebrochene Schnee- oder Eismasse die Abhänge hinunterstürzt. Aber diese Töne machen das Schweigen nur noch tiefer, wenn sie vorüber sind.

190. Nun wollen wir die Entstehung dieser einsamen und leblosen Eiswelt untersuchen. Warum hüllt ewiger Schnee die Schultern und Gipfel der Berge ein? Welchen Nutzen hat der Schnee in den Niederungen sowohl als auf den Höhen?

191. Die höheren Regionen der Atmosphäre sind, wie wir schon früher (Abschnitt 89) sahen, äußerst kalt. Im hohen Norden und im hohen Süden, um die beiden entgegengesetzten Punkte der Erdoberfläche, die Pole heißen, ist das Klima gleichfalls so durchdringend kalt, daß sich dort schreckliche Einöden von Eis und Schnee

ausbreiten, wo Land und Meer gefroren sind, und wo die Sonnenwärme nur einen Teil der im Jahr aufgehäuften Schneemassen zu schmelzen vermag. Wo nun zwischen diesen beiden Polargegenden die Berge hoch genug sind, um in die oberen Schichten der Atmosphäre aufzuragen, in denen die Temperatur meist unter dem Gefrierpunkt steht, da fällt der in der Luft kondensierte Dampf nicht als Regen, sondern als Schnee auf sie herab. Ihre Gipfel und oberen Höhen sind daher mit ewigem Schnee bedeckt. In solchen Hochgebirgsregionen schmilzt die Sommerhitze den Schnee wohl von den niedrigeren Hügeln weg, die höheren Regionen aber bleiben immer mit ihm bedeckt. Es gibt dort eine nicht scharf bestimmte Grenze, unterhalb der Jahr für Jahr der Schnee verschwindet, aber über der er nie ganz wegtaut. Diese Grenze wird die Schneelinie oder die Grenze des ewigen Schnees genannt. Ihre Höhe wechselt in den verschiedenen Teilen der Welt. Sie ist am höchsten in den wärmeren Gegenden zu beiden Seiten des Äquators, wo sie eine Höhe von 4500 Metern und mehr über dem Meere erreichen kann. Dagegen nähert sie sich in den kalten Polarländern dem Meeresspiegel. Mit andern Worten, während in den Polargegenden das Klima so kalt ist, daß man selbst nahe dem Meeresspiegel ewigen Schnee findet, sind die Länder am Äquator so warm, daß man mehrere tausend Meter steigen muß, ehe man die kalten Luftschichten erreicht, wo der Schnee das ganze Jahr liegen bleiben kann.

192. Wer in einer Gegend lebt, wo im Winter die Temperatur unter den Gefrierpunkt fällt, der sieht öfters ein Schneegestöber. Welch ein Unterschied zwischen

einem solchen und einem Regen! Zuerst sieht man ein paar Flocken durch die Luft fliegen und geräuschlos zu Boden fallen. Wenn wir sie nicht sähen, würden wir gar nicht merken, daß ein Niederschlag aus der Luft vor sich geht. Nach und nach werden die Flocken zahlreicher und größer, und der Boden beginnt weiß zu werden. Mit der Zeit wird die ganze Gegend unter einer weißen Hülle begraben, die vielleicht 15 Zentimeter und mehr dick ist. Und doch hören wir, außer dem Pfeifen des scharfen Windes, nicht einen Ton aus der Luft. Wäre Regen anstatt Schnee gefallen, wie eintönig wäre das Geprassel der Tropfen, das Rauschen und Gurgeln des fließenden Wassers überall! Auch wären dann die Straßen und Felder sichtbar geblieben, denn jeder Regentropfen, anstatt zu bleiben, wo er hinfiel, wäre entweder in die Erde gesickert oder in den nächsten Bach geflossen. Jede Schneeflocke aber bleibt im Gegenteil dort liegen, wo sie hinfällt, bis sie vielleicht zufällig vom Wind aufgeweht und nach einer andern Stelle getrieben wird, wo sie schließlich bleibt. Regen verschwindet vom Boden, so schnell er kann, Schnee bleibt liegen, so lang er kann.

193. Dieser scharfe Unterschied im Verhalten muß natürlich auch weitere Unterschiede in der Wirkung dieser beiden Formen des Wassers mit sich bringen. Wir haben den Verlauf des Regens verfolgt; jetzt wollen wir versuchen herauszufinden, was aus dem Schnee wird.

194. In Gegenden, wo es keinen ewigen Schnee gibt, ist die Antwort auf diese Frage leicht genug. Jeder gefallene Schnee bleibt im Winter so lange liegen, als

die Luft nicht warm genug ist, um ihn zu schmelzen. Verdunstung findet zwar ebensowohl von einer Oberfläche von Schnee und Eis wie von einer Wasserfläche statt, so daß eine Schneeschicht schließlich verschwindet, indem sie von der Luft als Dampf absorbiert wird, ohne daß sie vorher in fließendes Wasser zerschmolzen ist. Hauptsächlich aber verschwindet der Schnee in gemäßigten Klimaten durch den Vorgang, den wir tauen nennen — das ist, durch ein infolge des Steigens der Temperatur eintretendes Schmelzen des Schnees. Wenn der Schnee schmilzt, dringt das hierdurch frei gewordene Wasser in die Erde und fließt in Bäche ab, ebenso wie der Regen. Seinen weiteren Verlauf brauchen wir nicht zu verfolgen, da es derselbe wie beim Regen ist. Nur ist noch zu beachten, daß, wenn ein heftiger Schneefall schnell taut, sich eine große Wassermenge über die Gegend ergießt und die Bäche und Flüsse sich rasch füllen. Durch das plötzliche Steigen der Flüsse und die Überschwemmung ihrer Ufer können dann große Zerstörungen verursacht werden (Abschnitt 173).

195. In den Regionen des ewigen Schnees aber, wo die Sommerwärme nicht allen Schnee, der im Laufe des Jahres fällt, wegschmelzen kann: welchen anderen Weg zum Entkommen findet dort die gefrorene Flüssigkeit? Daß sie irgend welche Mittel haben muß, um sich von den Bergen zu entfernen, ist klar genug: denn wenn dies nicht der Fall wäre und sie sich dort von Jahr zu Jahr, von Jahrhundert zu Jahrhundert ansammelte, so würden die Berge zu ungeheuren Schneemassen anwachsen, die weit in den Himmel ragten und sich nach allen Seiten so ausbreiteten, daß sie nach und

nach die angrenzenden Niederungen begraben würden. Aber nichts dieser Art geschieht. Die ernsten Schneegipfel haben von Jahrhundert zu Jahrhundert dasselbe unveränderte Aussehen. Ihre wohlbekannten Formen werden nicht unter der Masse eines fortwährend höher anwachsenden Schnees begraben.

196. Wie ein Teil des gefallenen Regens von der feuchten Landoberfläche wieder verdunstet, so nimmt auch die Schneemenge etwas durch Verdunstung ab. Sogar während des Frostes, wenn der Schnee nicht schmilzt, können wir beobachten, wie er Tag für Tag langsam abnimmt. Aber wie der Überschuß des Regens durch die Bäche und Flüsse abfließt, so fließt in den Hochgebirgen und in den arktischen und antarktischen Regionen der Überschuß des Schneefalls oberhalb der Schneelinie durch die sogenannten Gletscher ab.

197. Wenn sich eine beträchtliche Lage von Schnee angesammelt hat, so preßt das Gewicht der oberen Schichten die unteren in eine feste Masse zusammen. Die Oberfläche des Bodens, wo sich der Schnee anhäuft, ist gewöhnlich nach einer Richtung geneigt, selten ganz flach. Im Hochgebirge sind die Abhänge sogar oft stark geneigt oder abschüssig. Wenn sich Schnee im Gebirge hoch anhäuft, so überwindet die Schwerkraft unter Umständen die Neigung des gepreßten Schnees, zu bleiben, wo er ist, und der Schnee beginnt dann, sich den Abhang hinunter zu schieben. Von einem Abhang geht er auf den nächsten über, fortwährend durch andere abgleitende Massen von benachbarten Abhängen vermehrt, bis sich alle zu einer langen Zunge vereinigen, die langsam im Tal vorrückt bis zu einem Punkte, wo

sie schmilzt. Diese Zunge aus den Schneefeldern ist der Gletscher. In der Tat führt er von diesen Schneefeldern den Überschuß an Schnee ab, ebenso wie ein Fluß das überschüssige Wasser aus einer Gegend ableitet.

198. Aber der Gletscher, der aus den Schneefeldern herauswächst, besteht selber nicht aus Schnee, sondern aus Eis. Der Schnee wird beim Abwärtsrutschen zu Eis zusammengepreßt. Jede Schneeflocke besteht aus kleinen Eiskristallen (Abschnitt 88). Eine Masse Schnee ist also nur eine große Menge von kleinsten Eiskristallen mit Luft dazwischen. Wenn also der Schnee zusammengepreßt wird, so muß die Luft entweichen, und die bis dahin getrennten Kristalle gefrieren zu einer festen Masse zusammen. In der gemäßigten Zone weiß jeder Schulknabe, was Schneebälle sind, und daß man sie durch festes Drücken zwischen den Händen sehr hart machen kann. Je dichter der Schnee zusammengedrückt wird, desto härter wird er. Wenn wir also einen harten Schneeball machen, so verfahren wir mit dem Schnee ungefähr ebenso, wie es die Natur tut, wenn sie aus dem ewigen Schnee einen Gletscher macht. Wir pressen die Luft heraus und ermöglichen dadurch den kleinen Eisteilchen, zusammenzufrieren und ein festes Stück Eis zu bilden. Doch vermögen wir nicht alle Luft herauszupressen; daher sieht der Ball nach allen unsern Anstrengungen noch weiß aus, wegen der in ihm eingeschlossenen Luft. Auf den Schneefeldern ist der Druck natürlich weit größer und andauernder als der, den wir ausüben können: die Luft wird mehr und mehr herausgepreßt, bis zuletzt der Schnee zu klarem, durchsichtigem Eis wird.

199. Ein Gletscher ist also ein von den Schneefeldern

herabkommender Fluß, der nicht aus Wasser, sondern aus Eis besteht. Er steigt manchmal weit unter die Schneelinie herunter, indem er äußerst langsam im Tale vorrückt, das er von Wand zu Wand ausfüllt. Seine Oberfläche schmilzt im Sommer am Tage, und Ströme klaren Wassers fließen über das Eis hin, aber sie gefrieren und stehen still bei Nacht. Zuletzt

Fig. 13. — Ansicht eines Gletschers mit seinen Moränen und dem aus ihm entspringenden Flusse.

erreicht er einen Punkt im Tale, über den er nicht hinaus kann, denn die Wärme der Luft schmilzt hier das Eis ebenso rasch, wie es vordringt. Hier endet also der Gletscher; und an seiner abschmelzenden Stirn entspringen Bäche von schmutzigem Wasser, die sich zu einem schäumenden Bach vereinigen und den Abfluß von den hohen Schneefeldern in die Ebenen hinabtragen und von da ins Meer.

200. Auf dem beistehenden Holzschnitt (Fig. 13) sind einige der Haupteigentümlichkeiten eines Gletschers dargestellt. In der Ferne erheben sich die schneeigen Höhen, zwischen denen die Schneefelder liegen. Von jeder Seite wird der Schnee in das Haupttal geleitet, wo er den Gletscher bildet, der allen Windungen des Tales folgt, bis er plötzlich endet und aus dem schmelzenden Ende des Eises ein Fluß herausströmt.

201. Wir können sicher sein, daß bei dieser ständigen Bewegung von den hohen Schneefeldern in die Täler hinab ein Gletscher Arbeit irgend welcher Art leisten muß. Ein Fluß wäscht, wie wir gesehen haben (Abschnitt 175—186), die Seiten und den Boden seines Bettes aus, und so gräbt er sich sowohl im härtesten Gestein als auch im weichsten Boden selbst sein Bett. Er schwemmt zugleich eine ungeheure Menge Schlamm, Sand und Steine vom Land in das Meer. Ein Gletscher leistet Arbeit ähnlicher Art, jedoch in ganz anderer Weise.

202. Wenn Steine in einen Fluß fallen, so sinken sie auf den Grund und werden dort durch die Strömung fortgetrieben. Kommt Schlamm in einen Fluß, so wird er im Wasser schwebend weiter getragen. Aber das Eis eines Gletschers, obwohl es die Eigenschaften eines zähen oder halbflüssigen Körpers hat und sich den Formen des Tales anpaßt, ist dennoch eine feste brüchige Masse. Steine und Staub, die von den Felsen und Wänden auf einen Gletscher gelangen, sinken nicht in ihn hinein, wie wenn sie ins Wasser fallen würden, sondern bleiben auf der Oberfläche liegen und werden mit der ganzen Masse

des sich bewegenden Gletschers vorwärts getragen. Oft durchsetzen ungeheure Sprünge das Eis, die sich nach und nach zu gähnenden Klüften oder **Gletscherspalten** erweitern. In diese tiefen Klüfte des schimmernden Eises fällt nun leicht ein gutes Teil der Erde und der Steine, die durch den Frost oder auf andere Weise von den Talwänden gelöst sind. Auf diese Art erreichen lose Gesteinstrümmer den Grund des Gletschers und den festen Boden des Tals, über den sich das Eis bewegt, während zu gleicher Zeit ähnlicher Schutt zwischen dem Rand des Eises und den Talwänden hinunterfällt.

Fig. 14. — Loser, unter dem Gletschereise geschliffener und gekritzter Stein.

203. Steine und Sand, eingezwängt zwischen das Eis und den Fels, über den das Eis sich bewegt, schrammen den Fels. Sie bilden eine Art von grobem polierendem Pulver, womit der Gletscher unablässig den Boden und die Seiten seines Bettes abschleift. Wenn wir unter das Eis kriechen könnten, oder wenn wir einen Blick auf eine Stelle an der Talseite werfen, von der das Eis etwas zurückgegangen ist, finden wir die Felsoberfläche glatt abgerieben und mit langen Kritzen bedeckt, die von den scharfen Kanten der Steine und des

Sandes eingeritzt wurden. Einige solcher durch Eis gerundeter Felsenbuckel sind im Vordergrund auf Fig. 13 sichtbar, und einen geschrammten Stein stellt Fig. 14 vor.

204. Wenn also ein Gletscher fortwährend die Gesteine, über die er sich hinbewegt, abschleift und poliert, so ist die Ursache klar, warum der Fluß, der unter dem Gletscher hervorfließt, immer schmutzig ist. Die ganze Unterseite des Gletschers steckt voller Steine, Kies und Sand, die den darunter liegenden Felsenboden schrammen und abreiben. Auf diese Weise entsteht eine große Menge Staub, der von dem unter dem Eise abfließenden Wasser fortgeschwemmt wird und schließlich in den mißfarbigen Wildbächen zutage tritt, die am Gletscherende unter dem Eise hervorbrechen.

205. Ein Gletscher ist nicht nur damit beschäftigt, talabwärts sich selbst ein Bett zwischen den Bergen auszuschürfen; er trägt auch auf seinem Rücken große Mengen von Blöcken, Erde und Steinen, die von den Abhängen an den Seiten heruntergestürzt sind. Diese Schutt- und Geröllanhäufungen nennt man Moränen (Fig. 13). Auf diese Weise können Felsblöcke von der Größe eines Hauses meilenweit fortgetragen und dort abgesetzt werden, wo das Eis schmilzt. Der Holzschnitt Fig. 15 stellt eine dieser mächtigen Steinmassen dar, den „Pierre à Bot", der aus den Zentralalpen fortgeführt wurde und auf dem Jura ungefähr 250 Meter über dem Spiegel des Sees von Neufchâtel liegen blieb. Er ist ungefähr 15 Meter lang, 12 Meter hoch und 6 Meter breit und wird auf mehr als 3000 Tonnen Gewicht geschätzt. Viele tausend Zentner loser Steine und Erde werden alljährlich auf dem Eis von den

fernen Schneebergen in die Täler hinuntergeführt, in die die Gletscher hinabreichen.

Fig. 15. — Erratischer Block, durch einen alten Gletscher aus den Alpen auf den Jura gebracht.

206. Die größten Gletscher der Welt sind die der Polarregionen. Nordgrönland liegt tatsächlich unter einem großen Gletscher begraben, der lange Eiszungen in die Täler und in das Meer hinausstreckt. Wenn ein Gletscher in das Meer vordringt, so brechen Stücke von ihm ab und schwimmen als Eisberge fort (Fig. 16). Die Gletscher dieser kalten Gegenden sind so ungeheuer groß, daß die von ihnen abbrechenden Eisberge sich gegen hundert Meter hoch über die Wellen erheben. Da aber das Eis, das aus gefrorenem Süßwasser besteht, leichter ist als das Salzwasser, auf dem es schwimmt, so befindet sich noch ungefähr neunmal so viel Eis unter dem Wasser, als über das Wasser hinausragt. Ein Stück Eis, das wir in ein Gefäß mit Wasser tun, zeigt

nur seine oberste Spitze über der Wasserfläche. Die in das Meer tief eingetauchten Eisberge treiben hin und her, bis sie auf hoher See schmelzen oder in seichtem Wasser stranden, oft viele hundert Meilen von dem Gletscher entfernt, der sie aussandte.

207. Es hat sich herausgestellt, daß einst die Gletscher über den ganzen Teil der nördlichen Halbkugel ausgebreitet waren, denn die Felsen in diesen Gebieten sind genau ebenso geschrammt und abgeschliffen wie die Felsen, die unsere heutigen Gletscher umgeben, während große Felsblöcke und Haufen von Steinen, die das Eis auf seinem Rücken fortgetragen hat, weit über die Ebenen zerstreut wurden. In ganz Nordeuropa, im größten Teil der britischen Inseln, in Canada und in den nordöstlichen Staaten Amerikas, sind diese und manche andere Spuren der alten Eisdecken gefunden worden. So lernen wir, indem wir uns mit den Gletschern beschäftigen, nicht nur, was in andern fernen Ländern vor sich geht, sondern wir gewinnen zugleich Kenntnisse, die uns befähigen, einen Blick in die Urzeit unseres eigenen Landes zu tun.

208. Aber auch in den Gebieten, wo der Schnee nicht immer liegen bleibt, übt er in anderer Art bedeutende Wirkungen aus. Er bedeckt z. B. im Winter die Vegetation, den Erdboden, das Gestein und schützt sie vor den Wirkungen strenger Kälte. Bei seinem schnellen Schmelzen führt er eine große Menge Wasser rasch den Flüssen zu, die auf diese Weise plötzlich anschwellen und verheerende Überschwemmungen verursachen (Abschnitt 173). Wenn er sich an steilen Berghängen ansammelt, so rutscht er bisweilen in großen

Schichten herab, in sogenannten Lawinen, die beim Absturz immer mächtiger werden, Erde, Felsen und Bäume mit sich fortreißen und Zerstörung über die tiefer gelegenen Matten tragen.

Fig. 16. — Eisberg im Meer.

Das Meer.

I. Die Verteilung von Meer und Land. Allgemeine Eigenschaften des Meeres.

209. Da wir auf dem Festlande leben und die verschiedenen Formen, die seine Oberfläche annimmt — Berge, Täler, Ebenen, Hügel usw. — genau kennen, so sind wir geneigt zu glauben, daß das Festland den Hauptteil der Erdkugel bildet. Viele von uns, die im Innern des Landes leben, haben noch nie eine Wasserfläche gesehen, die größer ist als ein Fluß oder ein See oder ein großer künstlicher Teich. Gehen wir

aber aus dem Innern Deutschlands immer nordwestwärts, so kommen wir schließlich an die Grenze des Landes und finden eine unendliche Wasserfläche vor uns. Wenn wir auf einem Schiffe hinausfahren, so sehen wir in dieser Wasserfläche andere Länder, die man von allen Seiten umsegeln kann und Inseln nennt, wie z. B. Großbritannien.

210. Wir wollen annehmen, daß wir, anstatt um diese Inseln herumzusegeln, von der Nordsee aus gerade westlich steuern. Da müßten wir mehr als dreitausend Kilometer auf dem Meere fahren, ehe wir wieder Land erreichten. Oder wenn wir einen mehr südlichen Kurs nähmen, so könnten wir Monate lang fahren, bis uns die Eismassen, von denen die Länder des Südpols umgeben sind, in Sicht kämen. Reisen dieser Art würden es uns tief einprägen, in welch ungeheurer Ausdehnung die Erdoberfläche vom Wasser eingenommen wird.

211. Man hat festgestellt, daß das Wasser nicht ganz dreimal so viel Raum auf der Erdoberfläche einnimmt wie das Land. Männer, welche die Welt umsegelt und sie nach vielen Richtungen durchkreuzt haben, brachten uns die Kunde von den Größenverhältnissen des Landes und des Wassers.

212. Nehmen wir einen Schulglobus und drehen ihn langsam um seine Achse, so sehen wir beim ersten Blick nicht nur, daß die Oberfläche des Wassers viel größer ist als die des Landes, sondern wir bemerken auch noch einige andere interessante Eigentümlichkeiten in der Verteilung von Land und Wasser.

213. Zunächst bildet das Wasser eine große zusammenhängende Masse, die wir das Meer nennen. Man

kann von irgend einem Teil des Meeres zu jedem anderen zu Schiffe fahren, ohne über Land zu müssen. Das Land hingegen ist vielfach durch das Meer unterbrochen. Manche Teile sind ganz von der Hauptmasse abgeschnitten, so daß sie Inseln im Meere bilden. Man kann nicht von jedem Lande nach jedem anderen ohne Seereise gelangen.

214. Zweitens liegt weit mehr Land auf der Nordseite als auf der Südseite des Äquators. Wenn wir den Globus so drehen, daß wir gerade senkrecht auf die Stelle blicken, wo Hamburg oder London liegt, so finden wir, daß wir das meiste Land übersehen können, während wir von der entgegengesetzten Seite den größten Teil des Meeres erblicken. Hamburg und London liegen also ungefähr im Mittelpunkt der Landhalbkugel, inmitten aller Länder der Erde. Und ohne Zweifel ist diese zentrale Lage nicht ohne Einfluß auf die Entwickelung des Handels der beiden Städte gewesen. Neu-Seeland dagegen liegt ungefähr im Mittelpunkt der Wasserhalbkugel.

215. Drittens sind durch die Art, in der die Landmassen verteilt sind, manche Teile des Meeres weit von einander getrennt. Diese Landmassen nennt man Kontinente und die dazwischen liegenden weiten Wasserflächen Ozeane. Die Oberfläche des festen Teiles unserer Erde ist uneben, manche Stellen erheben sich zu breiten Rücken und Erhöhungen, andere sind vertieft zu weiten Hohlräumen oder Becken. In diesen Hohlräumen hat sich das Meer gesammelt, und nur jene erhöhten Teile, die über den Meeresspiegel herausragen, bilden das Land.

216. n den vorhergehenden Abschnitten unseres kleinen Aches ist das Meer oft erwähnt worden. Wir haben gernt, daß die Feuchtigkeit in der Luft zum großen eil aus dem Meer aufsteigt; daß die Flüsse des Lan s fortwährend demselben großen Wasserbehälter zurömen, der zugleich das große Becken ist, worin all Verwitterungsschutt der Erdoberfläche niedergelegt wi. Wir müssen jetzt einige Haupteigenschaften des Mees genauer untersuchen.

217. nächst ist es wichtig, sich einen Begriff von dem Aushen des Meeres zu machen. Angenommen, wir stünn irgendwo an der Meeresküste und sähen die ungehre Wasserfläche zum erstenmal. Hinter uns liegt dafeste Land mit seinen Feldern und Häusern und Stran, aber vor uns sehen wir, soweit das Auge reicht, nits als Wasser bis zu einer ebenen Linie in der Fern wo der Himmel auf dem Meere zu ruhen scheint. e Linie, wo Himmel und Meer zusammentreffen, ht der Horizont. Diese weite Ausdehnung von Meeund Himmel gibt uns die Vorstellung eines unermeßlen Raumes. Während wir dies beobachten, fällt uns ald auch die Ruhelosigkeit des Meeres auf. Selbst a ruhigsten Sommertag ist die Fläche leicht gekräuselt oder man bemerkt eine sanfte auf- und absteigende ewegung; zu anderen Zeiten rollen kleine Wellen a das Land heran und brechen sich in langen Reihen a Strande; aber dann und wann, wenn sich Stürme eeben, wird das Wasser zu gewaltigen Wogen aufgetürm die mit Schaum bekrönt brausend und tosend hemstürmen, um an den Küsten zu zerstäuben.

218. Aer wenn der Anblick des Meeres schon vom

Lande aus ein so gewaltiger ist, noch viel nehr ist er das in der unbegrenzten Ausdehnung der hohen See. Segeln wir außer Sicht des Landes, so sehen wir im weiten Umkreis nur Meer und den sich darüber wölbenden Himmel. Das nächste Festland kann Tausende von Kilometern entfernt, das Wasser unter dem Schiffe zwei oder drei Kilometer tief sein. Tag für Tag und Woche für Woche können wir weiter segeln, immer anscheinend dieselbe kreisrunde Meeresfläche um uns herum und dasselbe Himmelsgewölbe über uns. Wenige oder gar keine Spuren des Lebens sind in Luft und Wasser sichtbar. Wir sehnen uns nach dem Anblick eines anderen Schiffes und begrüßen freudig jeden verirrten Vogel, jedes Insekt als eine Art Botschafter des Landes, das wir so gerne wieder sehen möchten.

219. Im Unterschied von dem Wasser unserer Flüsse und Seen ist das Meerwasser salzig. Wenn wir einen Tropfen klaren Quellwassers auf einer Glasplatte verdunsten lassen, so läßt er keine merkliche Spur zurück. Und doch enthält das Quellwasser (Abschnitt 130–132) immer einige aufgelöste Mineralsubstanz; da sie nicht verdunsten kann, bleibt sie zurück, wenn alles Wasser verdampft ist. Ein einziger Tropfen enthält aber davon eine so geringe Menge, daß keine sichtbare Spur zurückbleibt, wenn der Tropfen vertrocknet ist. Nehmen wir aber einen Tropfen Meerwasser und lassen ihn verdunsten. Da finden wir als Rückstand einen feinen weißen Staub, und wenn wir ihn unter das Mikroskop bringen, so sehen wir, daß er aus zarten würfelförmigen Kristallen von gewöhnlichem oder Seesalz besteht, dem andere, meistens kleine Gipskristalle, beigemischt sind. Wenn

man auf diesen Staub bläst, so wird er sofort wieder zu einem Wassertropfen: die Salze vereinigen sich mit der kondensierten Feuchtigkeit des Atems und lösen sich wieder auf. Einen ähnlichen Versuch kann man machen, wenn man im Meere badet und das Salzwasser auf dem Körper trocknen läßt. Man fühlt dann, daß die Haut mit einer Salzkruste überzogen ist.

II. Warum ist das Meer salzig?

220. Woher stammt das Salz im Meerwasser? Man hat Grund anzunehmen, daß in sehr früher Zeit ihrer Entwicklung die Erde aus einer Masse sehr heißer Dämpfe oder Gase bestand, wie die Sonne noch heute, und daß, während sie sich allmählich abkühlte, die verschiedenen Stoffe sich nach und nach aus dem Dampfzustand kondensierten und so unsern festen Erdkörper bildeten mit seiner Umhüllung von Luft und Wasser. Die Atmosphäre kann man daher als das jetzt noch gasförmige Überbleibsel der ursprünglich unendlich weiter ausgedehnten Atmosphäre betrachten, aus der heraus sich unser Planet bildete. Das Meer darf man ebenso als das Ergebnis späterer Kondensationen ansehen, als die Temperatur der Erdoberfläche genügend gesunken war, daß sich Wasser auf ihr halten konnte. Als es sich bildete und auf die Erde fiel, brachte es auch einige der Dämpfe mit, die noch in der umgebenden warmen Atmosphäre vorhanden waren. Unter diesen Dämpfen befanden sich wahrscheinlich auch Salze und andere Stoffe, die noch jetzt im Meerwasser aufgelöst sind.

221. Aber das Meer empfängt auch fortwährend Salz vom Festlande. Sowohl unter als auf der Erde löst das Wasser aus den Gesteinen verschiedene mineralische Substanzen auf; eine davon ist unser gewöhnliches Salz (Abschnitt 130, 138). Da also das Wasser der Quellen und Flüsse Salz enthält, so muß im Laufe eines Jahres eine gewaltige Menge dieses Stoffes dem Meere zugeführt werden.

222. Obwohl das Meer durch Verdunstung ebensoviel Wasser verliert, wie es durch Regen und durch die Flüsse empfängt (Abschnitt 104), so bleibt doch das ihm zugeführte Salz zurück. Wenn wir Salzwasser verdunsten lassen, so verschwindet nur das Wasser, und das Salz, das es enthält, bleibt zurück (Abschnitt 219). Ebenso verhält es sich im großen mit dem Meere. Während die Ströme täglich frisches Salz dem Meere zuführen, erheben sich täglich Millionen Tonnen Wasser aus dem Meere als Dampf in die Luft. Das als Dampf aufsteigende Wasser ist süß, aber es fließt leicht salzhaltig von dem Festlande ins Meer zurück. Demnach muß das Wasser des Meeres allmählich salziger werden. Der Vorgang geht aber ohne Zweifel außerordentlich langsam von statten.

223. Obgleich das Meer, seitdem die ersten Flüsse darin einmündeten, allmählich an Salzgehalt zugenommen hat, so ist es immer noch nicht so salzig wie das Wasser einiger Binnenseen, die keinen Abfluß in den Ozean haben. Im Atlantischen Ozean beträgt z. B. die ganze Menge der verschiedenen Salze nur 3½ Teile auf 100 Teile Wasser. Im Toten Meere jedoch, das außerordentlich salzig ist, kommen 24 Teile Salz auf 100 Teile Wasser.

III. Die Bewegungen des Meeres.

224. Wenn wir an der Küste die Oberfläche des Meeres beobachten, so sehen wir, mag das Wetter schön oder schlecht sein, daß die Wasserfläche niemals ganz ruhig ist. Sodann bemerken wir bald, daß der wirkliche Rand des Meeres nicht immer genau dieselbe Grenze innehält. Zu einer Zeit des Tages reicht das Meer bis an den oberen Teil des aufsteigenden Ufers; ungefähr sechs Stunden später hat es sich zu dem niedrigeren Teile zurückgezogen. Es steigt und fällt Tag für Tag und Jahr für Jahr mit solcher Regelmäßigkeit, daß seine Bewegung lange vorhergesagt werden kann. Dieser Ebbe und Flut des Meeres hat man den Namen der Gezeiten beigelegt.

225. Eine leere Flasche, die man zukorkt und in das Meer wirft, schwimmt; sie bleibt aber nicht lange da, wohin sie zuerst fiel. Sie bewegt sich fort und wandert vielleicht eine lange Strecke, ehe sie auf irgend eine Küste geschleudert wird. Es ist bekannt, daß Flaschen, die auf hoher See ausgeworfen wurden, viele hundert Meilen fortschwammen. Diese Oberflächen-Strömung oder Drift des Meerwassers stimmt gewöhnlich mit der Richtung überein, in der der herrschende Wind weht.

226. Das Wasser bewegt sich aber nicht nur an der Oberfläche. Eisberge z. B. (vergl. Abschnitt 206) — von denen jeder, sei er auch noch so groß, neunmal größer unter dem Wasser ist als darüber — sieht man manchmal einem heftigen Winde gerade entgegen schwimmen. Dies beweist, daß sie sich nicht mit dem Winde, der nur den verhältnismäßig kleinen aus dem

Wasser hervorragenden Teil fassen kann, sondern mit einer starken Unterströmung des Meeres bewegen. Kurz, über das Meer hin ziehen zahlreiche Strömungen, gleich großen Flüssen, von denen die einen aus kalten Gegenden in warme und andere aus warmen in kalte Gegenden gehen. Diese Tiefen- und Oberflächen-Strömungen spielen eine wichtige Rolle bei der Bildung der verschiedenen Klimate, die auf unserer Erde angetroffen werden. Wenn das Wasser aus einer Gegend fließt, wo es durch die Sonne erhitzt wurde, so trägt es die Wärme in entfernte Gegenden, die sonst kalt sein würden. So bewirkt z. B. der Strom warmen Wassers, der den Atlantischen Ozean durchquert, das milde Klima des nordwestlichen Europa. Anderseits kühlt ein Strom, der aus kalten Teilen des Meeres kommt, die Luft der Landstrecken ab, die er erreicht; so wird z. B. Labrador durch den kalten Strom abgekühlt, der aus der Davis-Straße kommt.

227. Wir haben also vier Tatsachen bezüglich des Meeres kennen gelernt: es hat erstens eine ruhelose durch Kräuselungen und Wellen gestörte Oberfläche; zweitens senkt und hebt es sich immer mit der Ebbe und Flut der Gezeiten; drittens treibt das Wasser an der Oberfläche mit dem Wind, und viertens hat es tiefgehende und breite Strömungen.

228. Für jetzt genügt es, wenn wir unsere Aufmerksamkeit auf die erste dieser Tatsachen richten — auf die Wellen des Meeres. Auch hier können wir wieder durch ganz bekannte Dinge erläutern, was in so großem Maßstab in der Natur vorgeht. Wenn wir ein Becken oder einen langen Trog mit Wasser anfüllen

und an einer Seite auf das Wasser blasen, so erhebt sich sofort die Oberfläche in Kräuselungen, die, wie wir sehen, von der Stelle ausgehen, wo unser Atem zuerst das Wasser trifft, und weiter fortschreiten, bis sie sich an der entgegengesetzten Seite des Beckens in kleine Wellen brechen.

229. Gewöhnliche Wellen sind Störungen der glatten Oberfläche des Meeres, hervorgerufen durch Störungen der Luft. Der Wind wirkt auf das Wasser des Meeres wie unser Atem auf das des Beckens. Indem er auf die Oberfläche trifft, wirft er das Wasser in Riffeln oder Wellen auf, und wenn er länger fortfährt über die Oberfläche hin zu blasen, so vermehrt er die Kraft der Wellen, bis sie, durch wütenden Sturm vorwärts getrieben, zu mächtigen Wogen anwachsen.

230. Wenn die Wellen dem Lande zu rollen, so brechen sie sich eine nach der andern an der Küste, so wie unsere Riffeln sich am Rande des Beckens brechen. Und sie rollen weiter, wenn sich der Wind gelegt hat, wie auch die kleinen Wellen im Becken noch auf- und niedersteigen, nachdem wir aufgehört haben zu blasen. Die Oberfläche des Meeres, wie überhaupt die des Wassers, ist sehr empfindlich. Wenn sie in Wellenbewegungen versetzt wird, so beruhigt sie sich nicht sogleich, nachdem die Ursache der Störung beseitigt ist, sondern bewegt sich noch einige Zeit weiter, aber in immer geringerem Grade, bis sie endlich zur Ruhe kommt. Außerdem pflanzen sich die Wellenbewegungen weit von der Stelle fort, wo der Sturm wehte, der sie hervorrief. Sie rollen gegen die Küste und brechen sich dort in Einzelwellen. Dies Auf- und Absteigen des Meeres nach einem Sturm nennt man D ü n u n g oder hohle See.

231. Die Ruhelosigkeit der Oberfläche des Meeres wird auf diese Weise zum Spiegelbild der Ruhelosigkeit der Luft. Es ist das unablässige Hin- und Herbewegen der Luftströme, sanft oder heftig, wodurch das Meer zu Riffeln gekräuselt oder zu Wellen aufgeworfen wird. Wenn die Luft oben einige Zeit ruhig ist, dann schläft unten friedlich das Meer; verdunkelt sich aber der Himmel, und bricht ein Sturm los, dann erhebt sich das Meer in Wellen, die weiter rollen und sich mit ungeheurer Kraft am Lande brechen.

232. Wer an einer Küste wohnt, hat gehört oder gesehen, wie viele Zerstörungen durch die Wellen des Meeres verursacht werden. Jedes Jahr werden Dämme und Mauern an Häfen zerrissen, Stücke von der Küste weggewaschen und die Ufer mit Schiffstrümmern übersät; so daß außer all' der Verwüstung, die die Oberfläche der Erde durch Regen, Frost und Ströme erleidet, noch eine andere Art der Zerstörung am Rande des Meeres vor sich geht.

233. An felsigen Küsten kann man oft die verschiedenen Stufen der Zerstörung sehr klar sehen. Über dem Strande erhebt sich vielleicht eine Klippe, deren Fuß durch das unablässige Anprallen der Wellen ganz zertrümmert ist. Hie und da ist eine Höhle in den harten Fels gewaschen oder ein Tunnel durch ein Vorgebirge getrieben worden. Nicht weit davon können wir einen großen Pfeiler aus Stein bemerken, der einst einen Teil der Hauptklippe ausmachte, jetzt aber von ihr getrennt ist, weil der verbindende Bogen eingestürzt und fortgeführt ist. Und noch weiter von der Klippe entfernt erheben sich vereinzelt halbhohe Felsen, zum Zeichen,

daß hier ältere vorgeschobene Pfeiler standen, während ganz weit im Meer das Geräusch der Brandung ein versunkenes Riff erkennen läßt — die Überreste einer noch älteren Strandlinie. An einer solchen Küste liegt der ganze Verlauf der Zerstörung des Landes durch das Meer klar vor Augen.

234. An einigen Teilen der Ostküste von England, wo das Gestein leicht zerstörbar ist, dringt das Meer in das Land ein und zwar etwa 6—9 cm im Jahr. Städte und Dörfer, die vor ein paar Jahrhunderten dort lagen, sind eins nach dem andern verschwunden, und wo sie einst standen, wogt jetzt weithin das Wasser der Nordsee. An der Westseite von Großbritannien, längs der irischen und schottischen Küste, ist jedoch, da die Gesteine hier meist hart und widerstandsfähig sind, der Grad der Zerstörung ein verhältnismäßig geringer.

235. Wer das Glück hat, auf einer felsigen Küste zu wohnen oder zu verweilen, sollte sich bemühen, festzustellen, durch welche Vorgänge die See das Land zerstört. Er mag seinen Stand auf einer sandigen oder kiesigen Stelle des Gestades haben, über die sich die Wellen brechen, und sein Auge auf das Wasser heften, wenn es nach dem Anprallen einer Welle zurückfließt. Die Kieselsteine und Sandkörner sieht man mit dem Wasser den Abhang hinunterrollen. Grober Kies gibt beim Aneinanderreiben seiner Steine einen scharfen knirschenden Ton — ein Geräusch, das bei Stürmen oft so laut ist, daß man es meilenweit hört. Sowie die nächste Welle heranrollt, bemerkt man, daß Sand und Kies durch die vordringende Welle vom Grund aufgehoben und am Ufer wieder hinangeschleudert werden,

um sofort von neuem herunter zu rollen, so wie das Wasser zurückfließt, um einer andern Welle für dieselbe Arbeit Raum zu geben.

Fig. 17. — Ansicht einer durch das Meer zerstörten Küste.

236. Durch dieses fortwährende Auf- und Abbewegen des Wassers werden Sand und Steine am Strande wie in einer Mühle zerrieben. Sie schleifen sich an einander ab, bis sie ganz glatt sind. Die Steine werden kleiner und gehen allmählich in Sand über; der feiner werdende Sand wird hinaus ins Meer geschwemmt und auf dem Grunde abgelagert.

237. Aber nicht nur die losen Bestandteile der Küste erleiden auf diese Art eine ständige Abnützung; auch das unter ihnen liegende feste Gestein wird, wo es an die Oberfläche kommt, durch denselben Vorgang abgescheuert. Wenn die Wellen an eine Klippe anschlagen, so treiben sie die losen Steine vor sich her und schleudern sie gegen die Felsen. Hie und da sammeln

sich diese Steine an einer ruhigeren Stelle, z. B. in einer Spalte der Klippe, und wenn das Wasser hoch geht, so werden sie in Drehung erhalten, bis schließlich durch die fortwährende Reibung am Fuß der Klippe eine Höhle in den Fels gebohrt wird, ungefähr in derselben Weise, wie (Abschnitt 179) der Fluß Löcher in sein Bett bohrte. Die Steine werden durch diesen Vorgang natürlich zu Sand zerrieben, ihr Platz aber ist bald durch andere, von den Wellen herangeschwemmte Steine ausgefüllt. Wenn wir bei niedrigem Wasser eine dieser See-Höhlen betreten, so sehen wir, wie die Wände und die Decke der Höhle geglättet und poliert und wie die auf dem Boden liegenden Steine wohl gerundet und abgescheuert sind. Und wir können sogar an den Steinen und Wänden Brüche und Ritzen erkennen, die anzeigen, wo die losgelösten Teile durch die Wogen gegen den festen Felsen geschleudert wurden.

IV. Der Boden des Meeres.

238. Soweit unsere Kenntnis reicht, ist der Meeresgrund Teilen der Oberfläche des Festlandes ähnlich. Er hat Erhebungen und Vertiefungen, weite Ebenen, Täler und Bergketten. Obwohl man diese nicht mit Augen sehen kann, so läßt sich ihr Vorhandensein und ihre Verteilung doch vermittelst einer langen Leine nachweisen, an deren Ende sich ein Gewicht oder eine Dredsche (Schleppnetz) befindet. Vermittelst dieser ermitteln wir die Tiefe des Wassers und die Beschaffenheit des Bodens, ob er aus Fels oder Kies, Sand, Schlamm oder Muscheln besteht. Dieses Messen der Tiefe des Meeres nennt man Loten.

239. An vielen Stellen des Meeres hat man Lotungen ausgeführt, so daß man jetzt manches über seine Tiefe und die Natur seines Bodens weiß. Der Atlantische Ozean, der besonders genau erforscht ist, hat auf hoher See wahrscheinlich eine mittlere Tiefe von 3300—5000 Meter. Hie und da sind tiefe unterseeische Einsenkungen, die unter die mittlere Tiefe herabgehen. Etwa 160 Kilometer nördlich von Portorico zeigte das Lot etwa 8500 Meter. Wenn wir den Mont-Blanc, der der höchste Berg in Europa ist und eine Höhe von 4810 Meter über dem Meeresspiegel erreicht, in den tiefsten Teil des Atlantischen Ozeans versenken könnten, so würde er nicht nur unseren Blicken entschwinden, sondern der Gipfel befände sich noch ungefähr 3700 Meter unter der Oberfläche des Wassers.

240. Die mittlere Tiefe des Meeres beträgt etwa 4000 Meter. Aber selbst in der Mitte des Ozeans erheben sich manche Teile des Bodens viel höher und bilden Inseln. Der Regel nach vertieft sich das Wasser gegen die Mitte des Ozeans und verflacht sich gegen das Land. Daher sind die Teile des Meeres zwischen Inseln und Vorgebirgen meistens verhältnismäßig seicht. Unmittelbar vor einem Kontinent senkt sich der Meeresboden in gelinder Böschung nicht tiefer als etwa 200 Meter in verschiedener Breite vom Land und fällt dann jäh zur Tiefe ab. Diese seichte Bank oder Kontinentalterrasse ist die große Fläche, über die sich die Verwitterungsmassen des Festlandes ausbreiten. In Europa umfaßt sie das Becken der Nordsee und erstreckt sich westwärts bis über die britischen Inseln hinaus, die auf ihr liegen. Die Nordsee ist nirgends tief, auch nicht in

ihrer Mitte, wo sie die Tiefe von 100 Metern nicht erreicht. Auch die Meerenge von Dover ist so seicht, daß, wenn man das Straßburger Münster an der tiefsten Stelle hineinsenkte, mehr als die Hälfte des Turmes über dem Wasser herausragen würde.

241. Nicht allein erfolgreiche Lotungen sind an den tiefsten Stellen des Meeres gemacht worden, sondern es war auch möglich, vermittelst des Schleppnetzes, der sogenannten Dredsche, Eimer voll von all dem, was auf dem Meeresboden liegt, heraufzubringen, selbst aus den größten Tiefen. Auf diese Weise sind in den letzten Jahren unsere Kenntnisse über die Beschaffenheit des Meeresbodens und der darauf lebenden Pflanzen und Tiere in beträchtlicher Weise erweitert worden. Über weite Flächen des Bodens im Ozean gedeiht ein reiches tierisches Leben, Muscheln, Krebse, Korallen, Seesterne und noch niedrigere Geschöpfe.

242. In früheren Abschnitten dieses Buches haben wir die Veränderungen verfolgt, die von Tag zu Tag auf der Oberfläche des Landes vorgehen. Jetzt wollen wir versuchen, den Veränderungen auf dem Meeresboden nachzuspüren. Wir können allerdings den Meeresboden nicht annähernd mit derselben Genauigkeit untersuchen wie die Oberfläche der Erde. Dennoch kann man mancherlei über ihn lernen.

243. Durch Zusammenstellung der Tatsachen, die wir in den vorhergehenden Abschnitten behandelten, verstehen wir einige der wichtigsten Veränderungen, die auf dem Meeresboden vorgehen. Wir wissen, welche ungeheure Massen von zerstörtem Gestein alljährlich von der Oberfläche des Landes fortgeführt und durch die Flüsse in das

Meer getragen werden (Abschnitt 186). Von der Zeit an, wo es von den Abhängen der Berge, Hügel und Täler gelöst wurde, hat dies verwitterte Material ein niedrigeres Niveau gesucht. Wenn es die Vertiefungen im Meeresboden erreicht hat, kann es nicht noch tiefer kommen, sondern muß sich notwendigerweise dort anhäufen.

244. Es ist also klar, daß zwischen dem Meeresboden und der Oberfläche des Landes folgender große Unterschied besteht: während das Festland überall, wo es der Luft, dem Regen, dem Frost und der allgemeinen Verwitterung seiner Oberfläche ausgesetzt ist (Abschnitt 133—158), eine fortwährende Zerstörung vom höchsten Berggipfel bis zur Küste des Meeres erleidet, empfängt der Meeresboden dagegen beständig Ablagerungen neuen Materials. Der eine nimmt in demselben Verhältnis zu, wie der andere abnimmt. Wir können also, selbst ohne zu wissen, was man durch tiefe Lotungen herausgefunden hat, fest behaupten, daß alljährlich große Massen von Kies, Sand und Schlamm auf dem Meeresboden abgelagert werden, weil wir wissen, daß diese Stoffe vom Lande fortgeführt werden.

245. Ferner sind die fortwährenden Bewegungen des Meeres von den Bewegungen der Luft abhängig, und die durch das Meer bewirkten Zerstörungen des Landes geschehen hauptsächlich durch die vom Winde hervorgerufenen Wellen. Aber diese Tätigkeit kann nur auf der Oberfläche vor sich gehen und trifft nur Küsten und seichte Teile des Meeresgrundes. Der Einfluß der Wellen kann nicht bis auf den Grund des Meeres reichen. Folglich liegt dieser Boden außer dem Bereich der verschiedenen Arten von Zerstörung, die das Aussehen des Landes so

verändern. Die feineren Bestandteile, die von der Zerstörung des Landes herstammen und von den Flüssen davongetragen werden, bis sie auf den Meeresboden sinken, können dort liegen bleiben, ohne durch etwas anderes gestört zu werden als durch das Fließen derjenigen Meeresströmungen, die den Boden berühren.

246. Welche Verwendung finden denn aber Kies, Sand und Schlamm, wenn sie das Meer erreichen? Da alle diese Materialien vom Lande hergeschwemmt werden, so sammeln sie sich an den Teilen des Meeresbodens, die das Land begrenzen, viel mehr an als weiter draußen. Bänke von Sand und Kies trifft man daher hauptsächlich im flachen Meer oder nahe am Lande an, aber nicht in der Mitte des Ozeans. Feiner Schlamm dagegen kann auf drei bis fünfhundert Kilometer vom Lande fortgetragen werden, bevor er endlich auf den Meeresboden sinkt.

247. Wir können uns in kleinem Maßstabe eine Vorstellung davon machen, wie die Ablagerungen auf dem Meeresboden sich ordnen, indem wir das Bett eines Flusses während der Trockenheit beobachten. An einer Stelle, wo der Strom stark gewesen ist, wird eine Kiesbank sein; an einem anderen Ort, wo schwächere Strömungen des Flusses zusammengestoßen sind, finden wir vielleicht einen Sandrücken, den sie angehäuft haben, während an solchen Stellen, wo die Strömung des Flusses gelinder war, das Bett mit einer Schicht von feinem Lehm oder Schlamm bedeckt ist.

248. Ein schlammführender Fluß kann seinen Schlamm absetzen, wenn er über sein Ufer tritt und sich über das flache Land ausbreitet, denn hierdurch wird seine

Strömung vermindert (Abschnitt 182). Je mächtiger die Strömung des Wassers ist, desto größere Steine kann sie fortbewegen. Daher findet man nicht leicht groben Kies auf dem Meeresboden, ausgenommen nahe am Lande, wo die Wellen ihn in den Lauf starker Meeresströmungen spülen können, oder in der Bahn der Eisberge, die oft Erde und Gestein auf ihrer Oberfläche mit forttragen und beides beim Schmelzen auf den Meeresgrund fallen lassen. Sand wird im allgemeinen weiter hinausgetragen als Kies und in großen Schichten oder Bänken abgelagert. Der feinere Schlamm und Schlick kann durch Strömungen mehrere hundert Kilometer weit fortgetragen werden; in der Regel aber setzt er sich innerhalb 60 bis 80 Kilometer vom Festlande auf dem Meeresboden ab.

249. Der vom Lande losgelöste Kies, Sand und Schlamm wird auf diese Weise in großen Schichten und Bänken über den Teil des Meeresbodens ausgebreitet, der nahe beim Festlande liegt. Aber der weitaus größte Teil des Meeresgrundes kann nur geringe oder keine Ablagerungen selbst vom feinsten Niederschlag erhalten, der vom Festlande kommt. Roter und grauer Ton aus vulkanischem Detritus gebildet und wahrscheinlich von unterseeischen Vulkanen herrührend, bedeckt ungeheure Bodenflächen in der Mitte der Ozeane.

250. Aber das Meer ist voll Leben, sowohl von Pflanzen als von Tieren. Diese Organismen sterben, und ihre Überbleibsel vermischen sich natürlich mit den verschiedenen Dingen, die auf dem Meeresboden liegen. Es müssen also außer dem Sand, Ton und Schlamm auch große Mengen von Muscheln, Korallen und den

härteren Teilen anderer Seetiere dort begraben sein, da Generation nach Generation lebt und stirbt.

251. An manchen Stellen des Meeresgrundes sind die Reste von einigen dieser Tiere so reichlich vorhanden, daß sie weitausgebreitete Ansammlungen bilden.

Fig. 18. — Ansicht einer Koralleninsel.

Austern wachsen z. B. dicht beisammen, und ihre Schalen bilden, mit denen ähnlicher Lebewesen vermischt, Muschelbänke. Im Stillen und Indischen Ozean scheiden kleine Tiere, die Korallenpolypen, ein hartes, kalkiges Skelett aus dem Meerwasser aus. Da Millionen dieser Tierchen bei einander wachsen, so bilden sie große Korallen-Riffe, die aus festem Kalk bestehen und manchmal, wie in dem großen Barriere-Riff von Australien, mehrere hundert Meter mächtig und weit über tausend Kilometer lang sind. Infolge des Wachstums dieser Tiere entstehen die wunderbaren Ringe von Korallenfels oder die Koralleninseln (Fig. 18) mitten im Meere. Ein großer Teil des Bodens des Atlantischen Ozeans ist ferner mit einem feinen Niederschlag bedeckt, der, wie nähere Betrachtung zeigt, ganz aus den Resten von äußerst kleinen Tierchen, den sogenannten Foraminiferen besteht (Fig. 19).

252. Auf dem Grunde des Meeres haben sich also im Laufe der Jahrtausende ausgedehnte und vermutlich, vermischt mit Tier- und Pflanzenresten, tiefe Schichten von Sand und Schlamm gebildet, die sich noch stets durch neue Ablagerungen vermehren. Wenn nun

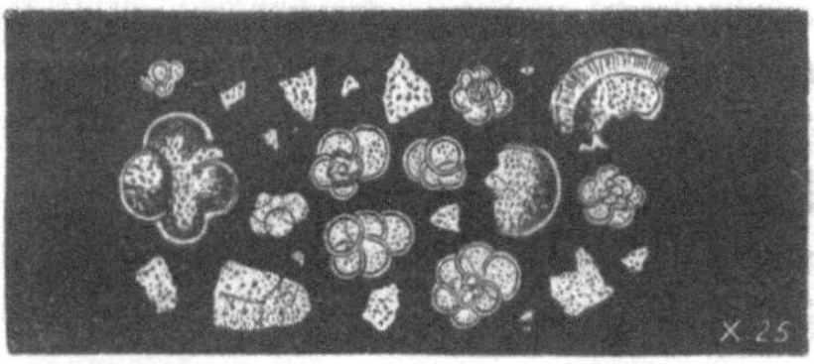

Fig. 19. — Tiefseeschlamm aus dem atlantischen Ozean, hauptsächlich aus Foraminiferen bestehend; 25fach vergrößert.

dieser Boden über die Meeresoberfläche erhoben und sein Sand und Schlamm so trocken und hart werden könnte wie festes Gestein in den Bergen, so würden wir dennoch mit Bestimmtheit sagen können, daß diese Materialien einst auf dem Meeresboden lagen, weil wir Schalen und andere Reste von Tieren in ihnen finden würden, die nur im Meere gelebt haben können.

253. In unserem Elementarbuch der Geologie lernen wir, daß dieses Erheben des Meeresbodens in alten Zeiten oft vor sich gegangen ist. Wir finden, daß die meisten Gesteine unserer Hügel und Täler ursprünglich im Meere abgelagert wurden, wo sie aus Sand und Schlamm, der sich auf dem Meeresboden niederschlug, entstanden sind, wie ja auch jetzt immer noch Sand und Schlamm in das Meer getragen und dort abgelagert wird. Und in solchen Gesteinen nicht nur nahe an der Küste, sondern tief im Lande, in Steinbrüchen oder Schluchten, selbst auf den Abhängen und

Gipfeln der Berge, können wir Schalen und Bruchstücke von den verschiedenen Tieren finden, die in den alten Meeren lebten.

254. Da der Meeresboden das große Sammelbecken ist, in das fortwährend die verwitterten Überbleibsel der Erdoberfläche gebracht werden, so ist es klar, daß bei ununterbrochenem Fortbestehen des gegenwärtigen Zustandes schließlich das ganze feste Land zerstört und seine Überreste auf dem Meeresboden ausgebreitet würden, so daß nur ein einziger unermeßlicher, den Erdball umfließender Ozean übrig bliebe.

255. Es gibt aber in der Natur noch eine andere Kraft, die sich hier ins Mittel legt, um die Zerstörung des festen Landes aufzuhalten. In den letzten Abschnitten des Buches wollen wir untersuchen, was das für eine Kraft ist, und wie sie sich äußert.

Das Innere der Erde.

256. Die vorhergehenden Abschnitte handelten von der Oberfläche der Erde und von dem, was auf ihr vorgeht. Jetzt wollen wir in Kürze untersuchen, was wir über das Innere der Erde lernen können. Es mag zuerst ganz unmöglich scheinen, daß der Mensch irgend etwas über das Innere der Erde wissen kann. Bedenken wir nur, was für ein ungeheurer Ball unsere Erde ist, und daß wir im Leben und Bewegen über ihre Oberfläche hin durchaus Fliegen gleich sind, die über einen Berg kriechen. Alles, was man von dem Gipfel des höchsten Berges bis auf den Grund des tiefsten Schachtes sehen kann, ist im Verhältnis nicht mehr als der Firnis auf der Außenseite des Schulglobus.

257. Und dennoch kann man eine ganze Menge über die Vorgänge im Innern der Erde lernen. Es gibt nämlich in manchen Ländern Stellen, wo zwischen dem Innern und der Oberfläche der Erde eine Verbindung besteht, und von solchen Stellen stammen meistens unsere Kenntnisse über das Innere der Erde. Die Vulkane oder feuerspeienden Berge (Fig. 20) zählen zu den wichtigsten dieser Verbindungskanäle.

258. Stellen wir uns vor, daß wir einen dieser Vulkane gerade vor einem sogenannten „Ausbruch" besuchten. Aus der Ferne erscheint er als ein kegelförmiger Berg, dessen Spitze abgeschnitten ist. Aus diesem abgestumpften Gipfel steigt eine weiße Wolke auf: aber keine solche Wolke, wie wir sie nicht selten auf einem gewöhnlichen Berggipfel sehen können. Denn nach kurzer Beobachtung bemerken wir, daß sie aus der Spitze des Berges aufsteigt, selbst wenn der Himmel wolkenlos ist. Von den reich bewachsenen unteren Regionen des Berges ausgehend, finden wir, daß die höheren Abhänge teils aus losen Steinen und Asche bestehen, teils aus rauhen, schwarzen Gesteinsschichten, gleich den Schlacken eines Hochofens. Näher dem Gipfel wird der Boden warm, und hie und da brechen Stöße von Rauch und erstickenden Dämpfen vor. Schließlich erreichen wir den Gipfel, und was uns von unten als ebene Fläche erschien, ist in Wirklichkeit ein großes Becken, dessen steile Wände in die Tiefe des Berges hinabsteigen. Während wir unser Gesicht so gut wie möglich vor den heißen Gasen schützen, die uns fast ersticken, nähern wir uns vorsichtig dem Rande des Beckens und sehen aufmerksam hinab. Weit unten

am Fuße der zerklüfteten, roten und gelben Wände liegt ein Pfuhl einer weißglühenden Flüssigkeit, größtenteils überdeckt von einer schwarzen Kruste, wie wir sie ähnlich an der Außenseite des Berges beim Heraufsteigen sahen. Von diesem Feuerpfuhl spritzt dann und wann die rotglühende Flüssigkeit hoch empor und erhärtet zu Stein, sobald sie in der Luft sich abkühlt. Ein Regen von Steinen und Asche wird emporgeschleudert und fällt wieder in den Kessel zurück oder auf die Außenseite des Berges. Dampfwolken entweichen derselben Stelle und bilden die aufsteigende Wolke, die man aus weiter Entfernung über dem Berge hängen sieht.

259. Diese kesselförmige Höhlung auf dem Gipfel des Berges heißt der Krater. Die durchdringend heiße Flüssigkeit in dem brodelnden, siedenden Pfuhl ist geschmolzenes Gestein oder Lava. Die zerbröckelten Massen – Asche, Staub, Schlacken und Steine – sind von flüssiger Lava oder von den erhärteten Wänden und dem Boden des Kraters durch die Gewalt der Explosion, mit der die Gase und der Dampf entweichen, weggerissen.

260. Die heiße Luft, der Rauch und die geschmolzene Masse auf dem Boden des Kraters beweisen, daß irgend eine Quelle größter Hitze in der Tiefe sein muß. Und da die Hitze seit vielen hundert, ja tausend Jahren hervorströmt, muß sie in großem Überfluß vorhanden sein.

261. Aber erst dann, wenn der Vulkan in tätigem Ausbruch ist, zeigt sich die Macht dieser unterirdischen Hitze am deutlichsten. Ein oder zwei Tage vorher bebt der Boden um den Berg. Schließlich wird in einer Reihe von heftigen Explosionen das Innerste des Vulkans aufgerissen und vielleicht sein oberer Teil in die Luft

geblasen. Ungeheure Rauchwolken wälzen sich tausende von Fuß hoch in die Luft hinaus, vermischt mit feinem Staub und rotglühenden Steinen. Die schweren Steine fallen wieder in den Krater zurück oder auf die äußeren Abhänge des Berges, während die feinere Asche in solchen Mengen ausströmt, daß sie sich manchmal über

Fig. 20. — Ansicht eines Vulkans. Die Gestalt des Vesuvs vor dem Ausbruch i. J. 1906; von Süden aus gesehen.

den Himmel ausbreitet und auf viele Meilen im Umkreis den hellen Tag zur finsteren Nacht macht. Diese Asche legt sich über das benachbarte Land wie eine dicke Decke und wird teilweise durch obere Luftströmungen in andere Gegenden getragen. Ströme geschmolzener Lava fließen an der Außenseite des Berges hinunter und kommen sogar bis zu den Gärten und Häusern am Fuße, indem sie alles, was in ihrem Weg liegt, überfluten und verbrennen. Dieser Zustand dauert Tage und Wochen lang, bis der Vulkan sich erschöpft und dann eine verhältnismäßig ruhige Zeit eintritt, wo nur Rauch, heiße Dämpfe und Gase ausströmen.

262. Vor ungefähr 1800 Jahren war in der Nähe von Neapel ein Berg wie ein Vulkan gestaltet und mit einem großen Krater, der mit Buschholz bedeckt war (Fig. 21). Niemand hatte jemals Rauch, Asche oder Lava aus ihm aufsteigen sehen, und die Leute glaubten nicht, daß er, wie einige andere Berge in diesem Teil von Europa, ein Vulkan sei. Sie hatten an seinem Fuße Dörfer und Städte gebaut; durch Schönheit und mildes Klima gleich ausgezeichnet, wurde diese Gegend zum Lieblingsaufenthalt der wohlhabenden Römer, die sich dort ihre Villen bauten. Da wurde plötzlich, fast ohne vorhergegangene Anzeichen, der ganze obere Teil des Berges unter furchtbaren Explosionen in die Luft geschleudert. So ungeheure Aschenmassen fielen meilenweit in der Runde, daß der Himmel so dunkel war wie um Mitternacht. Tag und Nacht gingen die Steine und Asche über die Gegend ringsher nieder; viele der Bewohner wurden getötet, entweder durch Steine, die auf sie herabfielen, oder sie erstickten durch die Asche. Als endlich der Ausbruch aufhörte, war die Gegend, die früher Besucher aus allen Weltteilen angezogen hatte, nur eine graue Staub- und Steinwüste. Dörfer und Städte, Weinberge und Gärten waren begraben. Von den Städten verschwanden die beiden bekanntesten, Herculanum und Pompeji, so vollständig, daß man sogar, obwohl sie damals wichtige Plätze waren, die Stelle vergessen hatte, wo sie einst standen, und nur durch Zufall wurden sie nach ungefähr 1500 Jahren wieder entdeckt. Seitdem hat man umfassende Ausgrabungen gemacht, die erhärteten vulkanischen Aufschüttungen wurden von beiden alten Städten weggeräumt, und

jetzt kann man wieder durch die Straßen von Pompeji mit ihren dachlosen Häusern und Läden, ihren Theatern und Tempeln wandern und in dem Straßenpflaster die tiefen Geleise sehen, die durch die Wagenräder der Pompejaner vor 1800 Jahren entstanden sind. Jenseits der Mauern der jetzt stillen Stadt erhebt sich der Vesuv mit seinem rauchenden Krater, jetzt nur die Hälfte des alten Berges, der in die Luft flog, als Pompeji verschwand (Fig. 21).

Fig. 21. — Die Form des Vesuvs vor der Zerstörung von Pompeji.

263. Vulkane bezeichnen also die Lage der Öffnungen oder Mündungen, durch die erhitzte Massen aus dem Innern der Erde auf die Oberfläche geschleudert werden. Sie kommen in allen Teilen der Welt vor. Außer dem Vesuv, der seit seinem großen Ausbruch im ersten Jahrhundert mehr oder minder tätig war — der furchtbare Ausbruch im April 1906 war kaum geringer als der, der Pompeji zerstörte — haben wir in Europa im Mittelmeer noch den Ätna, Stromboli, Santorin und andere kleinere Vulkane, während im fernen Nordwesten

sich zwischen den Schneefeldern und Gletschern Islands einige tätige Vulkane erheben. In Südamerika erstreckt sich eine Reihe mächtiger Vulkane über die Gebirgskette der Anden, die sich am Westrande des Kontinents erhebt, sowie über die Antillen, wo der Mont Pelé vor einigen Jahren so verheerend wirkte. In Asien finden sich zahlreiche Vulkane in dichten Gruppen auf Java und den benachbarten Inseln, wo im August 1883 einer der furchtbarsten Ausbrüche neuerer Zeiten auf der Vulkaninsel Krakatau stattfand. Von dieser Inselwelt erstreckt sich eine Linie tätiger Vulkane durch Japan und die Aleutischen Inseln bis zur Spitze von Nordamerika. Verfolgen wir diese Verbreitung auf der Karte, so bemerken wir, daß der Stille Ozean von einem Gürtel von Vulkanen rings umgeben ist.

264. Die große Menge dieser Öffnungen auf der Erdrinde berechtigt uns zu der Annahme, daß das Erdinnere außerordentlich heiß sein muß. Es gibt aber noch andere Beweise für diese innere Hitze. In manchen Gegenden kommen heiße Quellen an die Oberfläche. In einigen vulkanischen Gebieten entströmt der Erde in Zwischenräumen heißes Wasser und heißer Dampf und steigt mit großer Gewalt 30 Meter und darüber in die Höhe. Auch in Deutschland, das weit entfernt ist von dem Gebiet tätiger Vulkane, sind die Quellen von Wiesbaden und andern Orten warm. Es ist ferner bekannt, daß überall die Hitze zunimmt, wenn man in die Erde hinabsteigt. Je tiefer ein Bergwerk ist, desto wärmer ist das Gestein und die Luft an seinem Boden. Wenn die Hitze in demselben Verhältnis zunimmt, so müssen die Gesteine in nicht großer Tiefe unter uns rot-

glühend sein. Hieraus schließen wir, daß unsere Erde eine verhältnismäßig dünne kalte Rinde oder Kruste hat, innerhalb der das Erdinnere intensiv heiß ist.

265. Die Ausbrüche eines Vulkans erschüttern den Boden bisweilen mit großer Heftigkeit. Aber die feste Erde bebt auch in weiter Entfernung von Vulkanen. Sehr fein konstruierte Instrumente (Seismometer) haben gezeigt, daß der Erdboden unter uns, obwohl er ganz fest zu sein scheint, beständig durch leichte Erzitterungen bewegt wird. Wenn die Bewegung stark genug wird, um deutlich wahrnehmbar zu sein, so nennt man sie ein Erdbeben, das von einem schwachen, kaum fühlbaren Zittern des Bodens zu heftigen Stößen sich steigern kann, durch die der Boden erschüttert, ja aufgerissen wird, Bäume, Felsen und Häuser umgeworfen und bisweilen Tausende von Menschen getötet werden. Erdbeben sind besonders häufig und verheerend in Gebirgsgegenden, an den Rändern von Ozeanen und in der Nachbarschaft tätiger Vulkane.

266. Obwohl Erdbeben oft Leben und Eigentum in Menge zerstören, so verändern sie doch das Aussehen der Erdoberfläche nicht in dem Maße wie eine andere viel langsamere und weniger auffallende Erdbewegung. Manche Teile des Festlandes sind in langsamer Erhebung begriffen. Wenn dies Aufsteigen im Meere stattfindet, so werden Felsen, die immer zur Zeit der Flut bedeckt waren, allmählich nicht mehr von der Flut erreicht, während andere, die früher überhaupt nie zu sehen waren, nach und nach ihr Haupt über das Wasser heben. Anderseits sinken manche Gegenden langsam; Pfeiler, Dämme und andere alte Landmarken des Ufers werden

eins nach dem anderen vom Meere bedeckt, indem es weiter und höher in das Land eindringt.

267. Wir erkennen also, daß sogar in unserer Zeit ein Hauptergebnis der Bewegungen der Erdrinde darin besteht, daß manche Gebiete über die Meeresfläche erhoben, und manche andere, die bereits festes Land geworden sind, noch höher werden. Bei einigem Nachdenken über diesen Vorgang begreifen wir, daß durch diese Erhebungen das feste Land auf der Oberfläche der Erde erhalten bleibt. Wenn Regen und Frost, Flüsse, Gletscher und das Meer fortwährend und ungehindert die Oberfläche der Erde zerstörten, so müßte das Land schließlich verschwinden, ja es wäre schon seit langer Zeit verschwunden. Aber einerseits werden dadurch, daß manche Teile der Erdoberfläche von innen her hochgedrängt werden, Stücke des festen Landes zu höherem Niveau gehoben, und Teile des Meeresgrundes steigen über die Wasserfläche empor, so daß sie festes Land bilden. Anderseits sinken ganze Strecken ein, und zwar hauptsächlich Teile des Meeresbodens. Die Becken der Ozeane werden hierdurch vertieft, und der Meeresspiegel senkt sich.

268. Bodenschwankungen dieser Art sind seit langer Zeit in allen Ländern der Welt vorgekommen. Wie schon erwähnt wurde (Abschnitt 253), bestehen die meisten unserer Berge und Täler aus Gesteinen, die ursprünglich auf dem Meeresboden abgelagert und in der Folge zu Land erhoben wurden. In fast allen Ländern finden sich Beweise dafür, daß der Boden wiederholt untergetaucht und wieder gehoben worden ist.

Schluß.

269. Fassen wir zum Schluß die Hauptlehren der vorhergehenden Abschnitte zusammen.

Die Erde ist der Schauplatz fortwährender Bewegung und Veränderung. Die Atmosphäre, die sie umgibt, ist unaufhörlich in Bewegung, indem sie Wärme, Licht und Wasserdampf überall hinbringt. Aus dem Meere und aus den Gewässern der Erde geht immer Dampf in die Luft über, aus der er, nachdem er zu Wolken, Regen, Hagel und Schnee kondensiert ist, wieder auf die Erde herabsteigt. Auf der ganzen Oberfläche der Erde strömt das vom Himmel herabfallende Wasser in Bächen und Flüssen dem Meere zu und trägt die vom Lande gelösten Materialien in die große Tiefe. So ist das Wasser in immerwährendem Kreislauf zwischen der Luft, dem Lande und dem Meere. Auch das Meer ist nie ruhig. Seine Wellen nagen an den Küsten des Landes, und seine Strömungen fließen um die Erde und verteilen das Klima. In seine Tiefen werden die Trümmer des Landes getragen, um sich dort zu Gesteinen anzusammeln, aus denen möglicherweise neues Festland und neue Inseln entstehen. Endlich muß das Innere der Erde, während ihre äußeren Schichten kalt sind, durchdringend heiß sein. Diese Hitze des Erdinnern zeigt sich besonders auffallend an der Oberfläche in Vulkanen und heißen Quellen. Von Zeit zu Zeit wird die feste Erde durch Erdbeben erschüttert. Es gibt auch andere Bewegungen von ruhigerer Art, durch die einzelne Gegenden gehoben werden und andere sich senken. Während also altes Land unter das Meer versinkt, erheben sich neue Strecken, um mit Pflanzen bekleidet und von Tieren bevölkert zu werden und so eine geeignete Wohnstätte für den Menschen zu bilden.

270. Diese Welt ist kein lebendes Wesen, gleich einer Pflanze oder einem Tiere, und dennoch müssen wir jetzt einsehen, daß man sie in gewissem Sinne als mit Leben begabt betrachten kann. Der Kreislauf der Luft und des Wassers, der Wechsel von Meer und Land, kurz, die ineinandergreifenden Vorgänge endloser, ununterbrochener Bewegung, durch die sich die Oberfläche der Erde Tag für Tag verändert und erneut, kann wohl das Leben der Erde genannt werden.

Fragen und Aufgaben.

Die Gestalt der Erde. (S. 9.)

1. Was hatten die Alten für Begriffe über die Gestalt der Erde? Und über die Beziehung der Erde zu Sonne, Mond und Sternen?

2. Wie können wir mitten in einer flachen Gegend beweisen, daß die scheinbare Ebene in Wirklichkeit ein Teil der Oberfläche einer Kugel ist?

3. Wie kann dieselbe Tatsache auf dem Meere bewiesen werden?

4. Wie ist die Gestalt der Erde als Kugel tatsächlich durch die Weltumsegler erwiesen worden?

5. In welchem Verhältnis stehen hohe Berge und tiefe Täler zur gewölbten Oberfläche der Erde?

6. Zeige, wie die gelinde Wölbung die Größe der Erdkugel erweist.

7. Wie lange Zeit würde ein Eisenbahnzug, der fünfzig Kilometer in der Stunde zurücklegt, zur Umfahrung der Erde brauchen?

8. Was ist nach den Entdeckungen der Astronomen die wirkliche Gestalt der Erde?

9. Was versteht man unter den Polen der Erde?

10. Erkläre, was man unter dem Polar-Durchmesser der Erde versteht und gib seine Länge an.

11. Was versteht man unter dem Äquator?

12. Was ist der Äquatorial-Durchmesser der Erde, und wie lang ist er?

13. Wie groß ist der Längenunterschied zwischen dem Polar- und dem Äquatorialdurchmesser?

Tag und Nacht. (S. 14.)

1. Woher empfängt die Erdoberfläche Wärme und Licht?

2. Was war die frühere Vorstellung über die Stellung der Erde, der Sonne, des Mondes und der Sterne zu einander?

3. Wie ist diese alte Vorstellung in unserer Umgangssprache lebendig?

4. Was ist das wirkliche Verhältnis der Sonne zur Erde?

5. Was versteht man unter Umdrehung der Erde?

6. Erkläre den Ausdruck Umdrehungsachse.

7. Zeige, wie man die Umdrehung der Erde mit einem Schulglobus und einer brennenden Kerze erklären kann.

8. Was versteht man unter Nordpol und Südpol?

9. Erkläre die Ursache von Tag und Nacht.

10. Wie kann man zeigen, in welcher Richtung die Erde rotiert, sowohl bei Tag wie bei Nacht?

11. Durch was wird die Länge eines Jahres bestimmt?

12. Was versteht man unter der Bahn und dem Umlauf der Erde?

13. Wie weit ist die Erde von der Sonne entfernt?

14. Welche Zeit braucht die Erde zu einem vollen Umlauf?

15. Was ist die Durchschnittsgeschwindigkeit, mit der die Erde sich in ihrer Bahn fortbewegt?

16. Zeige, wie unsere Zeiteinteilung durch die Bewegungen der Erde bestimmt wird.

Die Luft.

I. Aus was die Luft besteht. (S. 19.)

1. Erwähne einige der verschiedenen Zustände der Luft.

2. Wie vergegenwärtigen wir uns am einfachsten das Vorhandensein von Luft?

3. Was ist die Atmosphäre? Wie verhält sie sich zum festen Erdkörper?

4. Wie hoch ist die Atmosphäre vermutlich?

5. Aus was besteht die Luft?

6. Nenne einige der vorherrschenden Stoffe in der Luft, außer den Hauptgasen.

7. Wie kann das Vorhandensein von festen Teilchen in der Luft sichtbar gemacht werden?

8. Was ist Wasserdampf? (Vergl. Abschnitt 66.) Zeige an einem bekannten Beispiel, wie der Wasserdampf unsichtbar in der Luft aufgelöst sein kann. (Vergl. Abschnitt 64.)

9. In welchem Verhältnis kommt Kohlensäure in der Luft vor?

10. Wie beeinflußt diese in der Luft aufgelöste Kohlensäure die Pflanzen?

11. Gib an, auf welche verschiedene Art die Kohlensäure der Luft zurückgegeben wird.

12. Beschreibe den Kreislauf der Kohlensäure zwischen der Luft und den Pflanzen und Tieren.

II. Die Erwärmung und Abkühlung der Luft. (S. 22.)

1. Auf welche Weise nehmen wir wahr, daß uns Luft umgibt?

2. Warum empfinden wir Kälte, wenn wir im Winter aus einem warmen Zimmer ins Freie gehen?

3. Wie werden die Veränderungen in der Temperatur gemessen?

4. Was versteht man unter Strahlung?

5. Woher empfängt die Erde ihre Wärme? Warum bestehen Unterschiede in der Temperatur von Stunde zu Stunde?

6. Was ist die Wirkung der Wolken zwischen Erde und Sonne?

7. Warum ist die Sonnenwärme morgens und abends weniger fühlbar als am Mittag?

8. Warum ist es in der Nacht kälter als am Tage?

9. Warum ist es im Sommer wärmer als im Winter?

10. Wie kommt es, daß es an bewölkten Tagen nicht immer oder notwendigerweise kalt ist?

11. Erkläre durch ein naheliegendes Beispiel, wie erwärmte Körper ihre Wärme verlieren. Zeige, wie dieser Vorgang sich auf der Oberfläche des Landes abspielt.

12. Was verhindert allzugroßen Wärmeverlust durch nächtliche Strahlung?

13. Warum sind die Nächte in Wüstenklimaten oft so kalt, während die Tage so heiß sind?

14. Warum sind bewölkte Nächte gewöhnlich wärmer als sternenhelle?

15. Welche Rolle spielt die Atmosphäre bei der Verteilung der Wärme über die Erdoberfläche?

III. Der Wasserdampf in der Luft. Verdunstung und Kondensation. (S. 27.)

1. Erkläre, warum an einem kalten Glas, sobald es in ein warmes Zimmer gebracht wird, und an der Innenseite von Fensterscheiben eine feine Nebelschicht entsteht.

2. Was versteht man unter kondensiert und Kondensation?

3. Wie ändert sich die Wasserdampf-Kapazität der Luft?

4. Warum erscheint eine Nebelschicht auf einem Spiegel oder einer anderen kalten Oberfläche, wenn sie angehaucht wird, und wie erklärt es sich, daß in kaltem Wetter unserm Munde bei jedem Hauche ein Wölkchen entströmt?

5. Was versteht man unter Taupunkt?

6. Wie gelangt der Wasserdampf in die Luft? Zeige, wie man dies durch Versuche beweisen kann.

7. Erkläre den Vorgang der Verdunstung?

8. Wann ist die Verdampfung innerhalb 24 Stunden am stärksten und wann am schwächsten? Erkläre die Ursache des Unterschieds.

9. Warum bleiben Straßen bei kühlem Wetter und bedecktem Himmel feucht, und warum trocknen sie schnell im Sonnenschein?

10. Erkläre, warum die Verdunstung bei feuchtem Wetter langsamer vor sich geht als bei trockenem und erläutere die Antwort durch ein Beispiel.

11. Erkläre die Ursache des Kältegefühls, das wir haben, wenn ein Wassertropfen auf dem Rücken unserer Hand verdunstet.

12. Wie groß ist ungefähr die Menge des Wasserdampfes, der sich jährlich auf der Erdoberfläche kondensiert?

IV. **Tau, Nebel, Wolken.** (S. 32.)

1. Nenne einige Beispiele der Kondensation des Dampfes.
2. Was ereignet sich zunächst bei der Kondensation des Wasserdampfs?
3. Aus was besteht das Nebelhäutchen, das sich auf einem kalten, in ein warmes Zimmer gebrachten Glas bildet?
4. Erkläre die Bildung des Taus.
5. Erkläre, wie sich Nebel auf Bergen bilden.
6. Erkläre den Ursprung des Nebels, den wir oft nach Sonnenuntergang von der Oberfläche der Flüsse aufsteigen sehen.
7. Erkläre die Bildung der Wolken.
8. Warum sammeln sich oft bei warmem Wetter mittags Wolken, die abends wieder verschwinden?
9. Wie kommt es, daß oft Wolken schnell am Himmel hinziehen?

V. **Regen und Schnee.** (S. 37.)

1. Auf welche Weise verschwinden die Wolken vom Himmel?
2. Erkläre die Bildung und das Herabfallen des Regens auf die Erde.
3. In welchen verschiedenen Zuständen kommt das Wasser vor?
4. Was ist Eis? Und wann bildet es sich?
5. Was versteht man unter Gefrierpunkt?
6. Beschreibe eine Schneeflocke.
7. Warum ist der Schnee weiß?
8. Welchen Einfluß hat die Erhebung über die Erdoberfläche auf die Temperatur?
9. In welchen Teilen der Erde kommt hauptsächlich der Schneefall vor?
10. Was ist Hagel? Was sind Graupeln?

VI. **Die Bewegungen der Luft.** (S. 41.)

1. Welchen Beweis haben wir dafür, daß die Luft immer in Bewegung ist?
2. Ist warme oder kalte Luft schwerer? Und warum?
3. Wie beeinflußt dieser Unterschied in der Schwere die Bewegungen der Luft? Veranschauliche die Antwort durch einen einfachen Versuch.
4. Nach welchem Prinzip sind die Herde und Kamine eingerichtet?
5. Dient alle Hitze des Kaminfeuers zur Erwärmung des Zimmers?

6. Inwiefern wirkt ein Kaminfeuer und ein geschlossener Ofen verschieden auf die Ventilation eines Zimmers?

7. Zeige an einem Beispiel, daß die Wärme, die wir von den direkten Sonnenstrahlen empfangen, nicht von der bloßen Wärme der Luft herkommt.

8. Erkläre, wie durch die Erwärmung der Erdoberfläche Wind entsteht.

9. Beschreibe die Land- und Seebrisen und erkläre ihre Entstehung.

10. Wie werden die Bewegungen der Luft durch den Wasserdampf beeinflußt?

11. Was versteht man unter Luftdruck?

12. Erkläre die Anwendung des Barometers.

13. Was ist das Gesetz, das Bewegungen der Luft je nach dem Luftdruck regelt?

14. Wie entstehen Wirbelstürme?

15. Wo sind die Hauptgebiete hohen und niederen Luftdrucks, und wie beeinflussen sie die größeren Bewegungen der Atmosphäre?

16. Warum ist der Regenfall in den Äquatorialgegenden so reichlich?

17. Erkläre den Ursprung der Passate.

18. Welches allgemeine Gesetz beherrscht alle Luftbewegungen?

Der Kreislauf des Wassers auf dem festen Land.
(S. 47.)

1. Woher bekommt die Luft ihren Wasserdampf?

2. In welche sichtbare Formen wird der Wasserdampf kondensiert?

3. Beschreibe kurz den Kreislauf des Wassers zwischen der Luft und der Erde und gib seinen Nutzen an in dem Haushalt der Natur.

I. **Was wird aus dem Regen?** (S. 48.)

1. Warum werden die Meere, Seen und Flüsse nicht kleiner durch den Verlust des Wasserdampfes, den sie an die Luft abgeben?

2. Welche Rolle spielt das Meer bei der Versorgung der Luft mit Feuchtigkeit?

3. Was wird aus dem Teil des Regens, der in das Meer fällt?

4. Wieviel Regenwasser fällt ungefähr alljährlich auf Deutschland herab?

5. Wie groß ist die jährliche Regenmenge in einigen Teilen von Indien?

6. Was wird aus dem Regen, der auf eine geneigte Straße fällt?

7. Wieviel von dem Regenwasser gelangt im Verhältnis durch die Flüsse ins Meer? Was wird aus dem Rest?

8. Wie kann gezeigt werden, daß eine beträchtliche Menge Regenwasser in den Boden sickert, und daß trotzdem diese Menge nicht für immer dem Kreislauf entzogen ist?

9. Was geschieht mit dem Regen, der auf die Oberfläche des Festlandes fällt?

II. **Wie Quellen entstehen.** (S. 52.)

1. Wie unterscheiden sich die verschiedenen Arten von Erdboden und Gestein bezüglich ihrer Wasserdurchlässigkeit?

2. Erkläre, was man unter durchlässigem und undurchlässigem Boden oder Gestein versteht.

3. Wie verhält sich eine Tonschicht gegenüber der unterirdischen Bewegung des Wassers?

4. Erkläre den Unterschied zwischen Sand- und Tonboden hinsichtlich der Feuchtigkeit.

5. Welcher Schluß kann bezüglich der Bewegung des unterirdischen Wassers aus der Tatsache gezogen werden, daß sich Wasser in jedem tiefen Loch oder Steinbruch ansammelt?

6. Was versteht man unter den Schieferungsklüften der Gesteine, und welche Rolle spielen sie bei dem unterirdischen Durchfluß des Wassers?

7. Erkäre das Vorkommen der sumpfigen Stellen in hügeligen Gegenden.

8. Was sind Quellen?

9. Erkläre, warum Quellen zwischen zwei Gesteinslagen an den Seiten von Tälern entspringen.

10. Was sind geschichtete und was sind ungeschichtete Gesteine?

11. Erkläre den Ursprung von tiefen Quellen.

12. Wie zeigt sich der unterirdische Kreislauf des Wassers an Brunnen, Bergwerken und Steinbrüchen?

III. **Die Arbeit des unterirdischen Wassers.** (S. 57.)

1. Was ist chemisch reines Wasser, und wie kann erwiesen werden, daß selbst das klarste Quellwasser noch andere Bestandteile außer dem Wasser enthält?

2. Welche gewöhnlichen Lösungen beweisen, daß klares durchsichtiges Wasser eine große Menge fremder Bestandteile enthalten kann, die unsichtbar sind?

3. Woher müssen die Stoffe stammen, die sich im Quellwasser aufgelöst vorfinden?

4. Welche Wirkung übt der Regen auf den Erdboden aus?

5. Was entfernt der Regen aus der Luft?

6. Was bleibt zurück, wenn man eine kleine Menge Regenwassers, das in die Straßen einer stark bevölkerten Stadt fällt, verdampft?

7. Woher bekommt das Regenwasser die Kohlensäure, die es mit sich in die Erde nimmt?

8. Welche Wirkung übt Wasser, das Kohlensäure enthält, auf viele Gesteine aus?

9. Was ist der Unterschied zwischen hartem und weichem Wasser?

10. Sind die durch das Quellwasser zur Oberfläche beförderten Stoffe von irgend welchem Nutzen für das Wachstum der Pflanzen und Tiere?

11. Wie entstehen unterirdische Gänge und Höhlen?

IV. Wie die Oberfläche der Erde verwittert. (S. 62.)

1. Welche Veränderung geht gewöhnlich an Mauerwerk vor sich, das längere Zeit der Luft ausgesetzt war?

2. Wie zeigt sich dieselbe Veränderung an Marmorgrabsteinen und Denkmälern, die der Luft ausgesetzt sind?

3. Zeige, daß eine ähnliche Veränderung auch anderswo als an Werken von Menschenhand wahrgenommen werden kann.

4. Erkläre den Anteil, den die Kohlensäure an der Verwitterung der Gesteine auf der Erdoberfläche hat.

5. Was ist Rost?

6. Erkläre die Wirkung des Sauerstoffes im Regenwasser bei der Verwitterung des Gesteins.

7. Warum zerspringen Krüge mit Wasser in einem strengen Winter?

8. Erkläre die Wirkung des Frostes auf Erdboden und Gestein.

9. Wodurch befördert der Frost die Arbeit des Landmannes?

10. Auf welche Weise erhöhen die Schieferungsklüfte des Gesteins die Wirkung des Frostes?

11. Erkläre, wie Gesteins-Säulen durch die Wirkung des Frostes einzeln stehen bleiben.

12. Wie wirkt schroffer Wechsel von Wärme und Kälte auf Gesteine?

13. Wie fördert der Wind die Zerstörung der Gesteine?

14. Gib die verschiedenen Arten des Verfalls an, die unter den Begriff der „Verwitterung" fallen.

15. Lege das allgemeine Ergebnis der Zusammenwirkung aller dieser Kräfte dar.

V. Was geschieht mit den verwitterten Teilen der Gesteine? Wie entsteht die Ackererde? (S. 70.)

1. Aus was besteht die gewöhnliche Gartenerde?

2. Verschwindet durch den Verfall oder die Verwitterung des Landes irgend welcher Stoff von der Erde?

3. Was versteht man unter der chemischen Tätigkeit des Regens?

4. Erkläre die mechanische Tätigkeit des Regens.

5. Was wird aus den abgelösten verwitterten Felsteilchen, die vom Regenwasser auf die Oberfläche des Landes geschwemmt werden?

6. Wie entstehen Schlamm, Sand und Kies in Flußbetten und an der Meeresküste?

7. Wie entsteht die Gartenerde, und warum ist die Bodenart eines Ortes von der eines andern verschieden?

8. Erkläre, wie der Humus beständig erneuert wird.

9. Zeige, in welcher Weise die Pflanzen zur Humus-Bildung beitragen.

10. Welche Rolle spielen die Regenwürmer bei diesem Vorgang?

11. In welchem Sinne kann behauptet werden, daß die ganze Oberfläche eines Landes sich fortwährend zum Meere hin bewegt?

12. Wie veranschaulichen Bäche und Flüsse den Umfang der Verwitterung der Erdoberfläche?

VI. Bäche und Flüsse. Ihre Entstehung. (S. 75.)

1. Beschreibe die Bildung von Miniatur-Bächen und -Flüssen auf einer abschüssigen Landstraße nach einem heftigen Regenguß.

2. Warum fließen die Flüsse?

3. Was sind Seen?

4. Warum verläuft der Regen, der gleichmäßig auf ein Land niederfällt, nicht gleichmäßig auf seiner Oberfläche?

5. Wie entstehen Bäche und Flüsse?

6. Was wird aus den zahllosen Bächen der höheren Gegenden bei ihrem Abfluß in die Niederungen?

7. Warum werden die tiefer liegenden Gegenden nicht durch den Zusammenfluß der vielen Bäche überschwemmt?

8. Was versteht man unter Wasserscheide? Gib einige Beispiele.

9. Warum fließen große Ströme selbst bei trockenem Wetter?

10. Warum trocknen Bäche und kleine Flüsse oft im Sommer aus?

11. Warum haben manche Ströme, z. B. der Rhein, meist im Sommer Hochwasser?

12. Gib eine kurze Darstellung des Kreislaufs des Wassers auf der Erde.

VII. Bäche und Flüsse. Ihre Arbeit. (S. 82.)

1. Gib ein Beispiel von der ungeheuren Menge unsichtbarer Stoffe, die ein Fluß in chemischer Lösung in das Meer trägt.

2. Beschreibe die Fortbewegung des Niederschlags in einem angeschwollenen Fluß.

3. Welchen Beweis hat man dafür, daß Flüsse die Gesteine ihres Bettes abnutzen?

4. Warum sind die Steine in einem Flußlauf gewöhnlich abgerundet?

5. Beschreibe das Bett eines Flusses zur Zeit einer Dürre. (Abschnitt 178, 181.)

6. Was sind Topfhöhlungen?

7. Beschreibe, was sich aus dem ständigen Fortbewegen des Gesteins in einem Flußbett ergibt.

8. Erkläre den Ursprung der flachen Terrassen an den Ufern eines Flusses.

9. Bleibt der Niederschlag im Flußbett oder auf den Uferterrassen ständig liegen?

10. Was geschieht mit dem von einem Strom fortgeführten Niederschlag bei der Einmündung des Stromes in einen See oder in das Meer?

11. Beschreibe ein Delta und erkläre, wie es sich an einer Flußmündung, in einem See oder im Meere bildet.

12. Nenne ein großes Delta.

13. Was wird aus dem Sand und Schlamm, der über das Delta hinausgeschwemmt wird?

14. Was ist das letzte Schicksal der Verwitterungsstoffe des Festlands?

VIII. **Schneefelder und Gletscher.** (S. 90.)

1. Nenne einige Gebirge, wo im Winter tiefer Schnee liegt, der aber im Sommer gänzlich verschwindet.

2. Nenne einige Gebirge mit ewigem Schnee.

3. Welcher Art ist das Klima an den beiden Polen?

4. Was versteht man unter Schneelinie?

5. Wie hoch liegt sie am Äquator und in den Polargegenden?

6. Warum ist der Schnee oberhalb der Schneelinie „ewig"?

7. Erwähne einige der Unterschiede zwischen Regen- und Schneefall.

8. Auf welche Weise verschwindet der Schnee unterhalb der Schneelinie?

9. Was versteht man unter Tauwetter?

10. Wie wirkt plötzliches Tauwetter auf Bäche und Flüsse?

11. Ist der Schnee einer Verdunstung unterworfen?

12. Was wird aus der Masse des Schnees, die sich oberhalb der Schneelinie ansammelt?

13. Beschreibe die Bildung eines Gletschers?

14. Wo hört der Gletscher in seinem Tale auf?

15. Vergleiche die Tätigkeit eines Gletschers mit der eines Flusses hinsichtlich der Fortbewegung von Sand, Kies und Steinen.

16. Was sind Gletscherspalten?

17. Wie gelangen Steine und Erde von der Oberfläche eines Gletschers bis auf dessen Grund?

18. Welchen Gebrauch macht der Gletscher von diesen Steinen und den Erd- und Sandteilchen, die er auf seinem Felsenbett vorwärts schiebt?

19. Warum ist der Strom, der am Ende eines Gletschers entspringt, schlammig?

20. Wie entledigt sich der Gletscher des Erd- und Steinschuttes, der sich auf seiner Oberfläche anhäuft?

21. Was sind Moränen?

22. Nenne als Beispiel den großen Felsen in der Schweiz, der unter vielen andern von den Gletschern auf weite Entfernungen fortgetragen und abgelagert wurde.

23. Wo finden sich die größten Gletscher?

24. Erkläre die Entstehung der Eisberge.

25. Der wievielste Teil eines Eisberges befindet sich über dem Wasser?

26. Was für Beweise haben wir für das Vorhandensein von Gletschern in Ländern, wo sie jetzt nicht mehr vorhanden sind?

27. Nenne einige Länder, wo solche Beweise gefunden worden sind.

28. Auf welche Weise übt der Schnee einen wohltätigen Einfluß auf den Erdboden aus?

29. Was sind Lawinen?

Das Meer.

I. Die Verteilung von Meer und Land. Allgemeine Eigenschaften des Meeres. (S. 103.)

1. Wie ist das Verhältnis von Land und Wasser auf der Erdoberfläche? Wie hat man es kennen gelernt?

2. Schildere den Hauptunterschied in der Verteilung von Meer und Land auf der Erde.

3. Was versteht man unter Land-Hemisphäre und Wasser-Hemisphäre?

4. Was sind Kontinente und Inseln?

5. Was sind Ozeane?

6. Was versteht man unter Horizont?

7. Wodurch unterscheidet sich das Meerwasser von dem Wasser der Quellen und Flüsse?

II. **Warum ist das Meer salzig?** (S. 108.)

1. Was war der wahrscheinliche Urzustand des Erdballs?
2. Wie ist wahrscheinlich die Atmosphäre entstanden?
3. Wie ist wahrscheinlich das Meerwasser entstanden?
4. Woher stammen die mineralischen Bestandteile im Meerwasser?
5. Warum dürfen wir annehmen, daß das Meerwasser allmählich salziger wird?
6. Wie verhält sich der Salzgehalt des Atlantischen Ozeans zu dem des Toten Meeres?

III. **Die Bewegungen des Meeres.** (S. 110.)

1. Wie sieht die Oberfläche des Meeres aus?
2. Was versteht man unter Gezeiten?
3. Was ist Oberflächendrift, und wodurch wird sie oft kenntlich?
4. Was sind Strömungen im Meere, und wodurch werden sie oft erwiesen?
5. Welchen Einfluß haben Meeresströmungen auf das Klima? Vergleiche das Klima von Labrador und Nordwest-Europa und erkläre, warum sie so verschieden sind.
6. Nenne die verschiedenen Bewegungen des Meeres.
7. Wie entstehen die Wellen?
8. Was ist Dünung?
9. Welchen allgemeinen Einfluß üben die Wellen auf die Küsten aus?
10. Beschreibe die Tätigkeit des Meeres an einer felsigen Küste.
11. Beschreibe die Einwirkung des Meeres auf einige Teile der englischen Ostküste.
12. Warum geht die Zerstörung der Westküste von Schottland und Irland verhältnismäßig langsam vor sich?
13. Beschreibe die Tätigkeit der Wellen bei der Zerstörung einer Küste.
14. Auf welche Weise bohrt das Meer Höhlen in eine Felsenküste?
15. Wie äußert sich die Tätigkeit der Wellen auf den Kies eines Strandes?

IV. **Der Boden des Meeres.** (S. 116.)

1. Wie ist der allgemeine Charakter des Meeresbodens?
2. Auf welche Weise haben wir unsere Kenntnis des Tiefseebodens gewonnen?
3. Mache einige Angaben über die Tiefe des Atlantischen Ozeans.
4. Wie verhält sich die Höhe des Montblanc zur tiefsten Tiefe des Atlantischen Ozeans?

5. Welches ist die mittlere Tiefe des Meeres?

6. Welches sind gewöhnlich die tiefsten und welches die seichtesten Meeresteile?

7. Was ist der allgemeine Charakter des Meeresbodens nächst der Küste eines Festlands?

8. Wo setzt sich das meiste der abgeschwemmten Teile des Festlandes ab?

9. Beschreibe die Bank längs des westlichen Europas.

10. Wie tief sind die tieferen Teile der Nordsee?

11. Wie tief würde das Straßburger Münster eintauchen, wenn man es mitten in die Straße von Calais stellen würde?

12. Durch welche Mittel haben wir von den Zuständen auf dem tiefsten Meeresgrund Kenntnis erhalten?

13. Welche Kenntnisse haben wir vermittelst der Dredsche über die lebenden Wesen auf dem tiefen Meeresgrund erlangt?

14. Welcher Hauptunterschied besteht zwischen der Oberfläche des Landes und dem Meeresboden?

15. Auf welchen Teil des Meeres beschränkt sich die zerstörende Tätigkeit der Wellen?

16. Warum müssen wir annehmen, daß die großen Tiefen im Meer ungestört bleiben?

17. Wo darf man Sand- und Kiesbänke auf dem Meeresboden erwarten?

18. Was wird aus dem feinen Schlamm, der von den Flüssen ins Meer getragen wird?

19. Bis zu welcher durchschnittlichen Entfernung vom Land werden die vom Land weggeführten Niederschläge auf dem Meeresboden abgelagert?

20. Wie ist die Natur der Ablagerungen, die weite Räume der tieferen Teile der Ozeane bedecken, und woher stammen sie?

21. Was wird aus den Überresten der lebenden Wesen auf dem Meeresboden?

22. Was sind Muschelbänke?

23. Was sind Korallenriffe und Koralleninseln, und wie sind sie gebildet?

24. Woraus besteht der Schlamm, der einen großen Teil der Tiefen des Atlantischen Ozeans bedeckt?

25. Wie können wir beweisen, daß gewisse Gesteine einst auf dem Meeresboden lagerten?

26. Was würde das Resultat der Zerstörung der Festlands-Oberfläche sein, wenn es keine ausgleichende Tätigkeit gäbe?

Das Innere der Erde. (S. 124.)

1. Wie verhält sich die Entfernung vom Gipfel des höchsten Berges bis zum Grund des tiefsten Bergwerkes zum Durchmesser der ganzen Erde?

2. Was ist ein Vulkan?

3. Was ist ein Krater?

4. Was ist Lava?

5. Welche verschiedenen Stoffe werden durch einen Vulkan ausgeworfen?

6. Welchen Schluß erlauben uns diese Stoffe auf die Beschaffenheit des Erdinnern?

7. Beschreibe einen vulkanischen Ausbruch.

8. Erzähle die Geschichte des Berges Vesuv.

9. Bestimme die Lage einiger Vulkane in Europa, Asien und Amerika.

10. Welchen Schluß erlauben uns die Vulkane auf die Temperatur des Erdinnern?

11. Was beweist das Vorhandensein von heißen Quellen?

12. Was hat man bei Tiefbohrungen hinsichtlich der Temperatur beobachtet, und welcher Schluß wird daraus gezogen?

13. Ist das Land wirklich so fest wie man gewöhnlich annimmt?

14. Was sind Erdbeben?

15. Wo sind sie am häufigsten?

16. Welche Tatsachen hat man festgestellt zum Beweis dafür, daß Teile des Festlandes sich allmählich aus dem Meer erheben und andere Teile versinken?

17. Wodurch wird die Zerstörung und Abnutzung des Festlandes ausgeglichen?

18. Unter welchen Umständen entstanden die Gesteine unserer meisten Berge und Täler?

Amtliche Empfehlungen der naturwissenschaftlichen Elementarbücher.

Auf die Eingabe vom 16. Oktober benachrichtige ich Sie ergebenst, daß ich den Gebrauch der in Ihrem Verlage erschienenen naturwissenschaftlichen Elementarbücher in den Elementar-, Mittel- und höheren Töchterschulen, sowie in den Präparandenschulen und Seminarien gestattet habe. Die Herren Bezirkspräsidenten habe ich hiervon in Kenntniß gesetzt und den Gebrauch genannter Bücher namentlich in Seminarien, Präparandenschulen und Mittelschulen empfohlen.

Straßburg i. E., den 17. Nov. 1876.

Der Oberpräsident von Elsaß-Lothringen,
(gez.) v. Möller.

Carlsruhe, den 16. Mai 1877.

Für Schul- und Schüler-Bibliotheken und für Fortbildungsschulen werden empfohlen:

Die naturwissenschaftlichen Elementarbücher für den ersten Unterricht in Elementar-, Mittel- und Töchterschulen. Herausgegeben von T. H. Huxley, H. E. Roscoe und Balfour Stewart. Rechtsmäßige deutsche Ausgabe mit Abbildungen. Preis à Bändchen 80 Pfg.

Die Bändchen bieten eine anziehende naturwissenschaftliche Schülerlektüre und verdienen die Aufmerksamkeit der Lehrer wegen der in denselben eingeschlagenen Methode.

Großherzoglicher Oberschulrath.

Ministerialblatt für Kirchen- und Schulangelegenheiten im Königreich Bayern Nr. 13, vom 28. März 1877.

Nr. 1945.

An die kgl. Regierungen, Kammern des Innern, die Vorstände sämmtlicher Mittelschulen, der Lehrer- und Lehrerinnenbildungsanstalten und die Districtsschulbehörden des Königsreichs.

Staatsministerium des Innern für Kirchen- und Schulangelegenheiten.

Die vorgenannten kgl. Behörden werden hiermit auf die im Verlage von Karl J. Trübner in Straßburg erscheinenden „naturwissenschaftlichen Elementarbücher", herausgegeben von T. H. Huxley, H. E. Roscoe und Balfour Stewart, mit dem Bemerken aufmerksam gemacht, daß dieselben vermöge ihres kurzgefaßten, allenthalben auf das Wesentlichste sich beschränkenden Inhalts, wie mit Rücksicht auf die anregende Form der Darstellung nicht nur zur Benutzung in den Volks- und Töchterschulen, sondern auch zur Anschaffung für die Schülerbibliotheken an den Mittelschulen und Lehrer- und Lehrerinnen-Bildungs-Anstalten durchaus geeignet, und daß von diesem Werke seither 4 Bändchen (Chemie von Roscoe-Rose; Physik von Stewart-Warburg; Physikalische Geographie von Geikie-Schmidt und Geologie von Geikie-Schmidt) im Preise von 80 Pfg. erschienen sind.

München, den 20. März 1877.

(gez.) Dr. von Lutz.
Der Generalsekretär Ministerialrath
(gez.) v. Bezold.

Darmstadt, 2. März 1877.

Von den in Ihrem Verlage erschienenen naturwissenschaftlichen Elementarbüchern, von welchen Sie uns einige Exemplare mitgetheilt haben, haben wir mit großem Interesse Kenntniß genommen und nehmen keinen Anstand zu erklären, daß dieselben, nach Anlage wie Behandlung des Stoffes, unseren vollen Beifall fanden.... Wir haben daher die Directionen der Gymnasien, Realschulen und Schullehrerseminarien, sowie die großherzoglichen Kreisschulcommissionen darauf aufmerksam gemacht, daß sie sowohl zu diesem Zweck, wie zur Anschaffung für Schul- und Volksbibliotheken sehr geeignet seien und mit vollem Rechte empfohlen werden könnten.

Das Großherzoglich Hessische Ministerium
des Innern,
Abtheilung für Schulangelegenheiten.

Dresden, den 10. Oktober 1876.

Auf Ihr an Se. Excellenz den Herrn Staatsminister Dr. von Gerber gerichtetes bezügliches Gesuch, wird Ihnen hoher Anordnung zufolge mitgetheilt, daß die in Ihrem Verlage erschienenen, sehr zweckmäßigen naturwissenschaftlichen Elementarbücher vorzugsweise zur Anschaffung für Volksschulbibliotheken werden empfohlen werden.

Cultus-Ministerial-Kanzlei
(gez.) Fiedler, Sekretär.

Urteile der Presse:

„Von der Einbürgerung der Science-Primers kann ohne Phrase gesagt werden, daß sie vielen Wünschen entgegenkommt. Niemand, der etwas von der Schwierigkeit in den Naturwissenschaften kennt, hat diese schmucken Bändchen mit ihren präcisen, thatsächlichen, an erster Quelle geschöpften und anregend geschriebenen Inhalt ohne den Wunsch betrachten können, sie in einer passenden Weise unserem in elementarer Richtung sehr armen deutschen Unterrichtsmaterial zugeführt zu sehen. Die Originale sind meistens ausgezeichnet, und es handelte sich nur darum, die passenden Verdeutscher zu finden.... Erfreulicher Weise ist auch die Übersetzungsarbeit in einer viel sorgfältigeren Weise besorgt, als wir es besonders von unseren Übersetzern aus dem Englischen seit lange gewohnt sind."

(Lit. Centralblatt.)

„Dieses pädagogische Unternehmen verdankt die deutsche Literatur England; Autoritäten ersten Ranges haben sie geschrieben, und bedeutende Gelehrte haben sie unverzüglich ins Deutsche übersetzt .....

In der That, für den ersten Unterricht so schreiben, wie diese Elementarbücher geschrieben sind, so freundlich, so lehrreich, so väterlich und in so wenig Worten, dies können nur Gelehrte, die an der Spitze der Vertreter ihrer Wissenschaft stehen. Nur solche vermögen es, dem Kinde die Quintessenz ihres Faches in einer Form zu bieten, die den kleinen Leser anregen und ihn für alle Zeit gewinnen muß. Mit vollem Recht sagt der Übersetzer der physikalischen Geographie, der berühmte Straßburger Zoologe Oskar Schmidt: „Nur das Beste ist gerade gut genug für die Volksschule". „Eine Anleitung zum Denken und Schließen" soll der erste naturwissenschaftliche Unterricht sein, nicht ein unverdaulicher Ballast von Thatsachen darf die Lernbegierde der Jugend gleich am Beginne ersticken."

(Prof. **Peters** in der Grazer Tagespost, 1876, 390.)

„Ein wahres Muster einer solchen populären Behandlung der Naturwissenschaften liegt uns in den von den englischen Professoren Huxley, Roscoe und Stewart herausgegebenen naturwissenschaftlichen Elementarbüchern vor. Drei wissenschaftliche Kapazitäten überwachen hier die Popularisierung der Wissenschaft und sorgen dafür, daß die geistige Speise, welche der heranwachsenden Generation dargereicht wird, auch wirklich verdaulich ist. Geist, Kenntnisse und Menschenfreundlichkeit mußten sich verbinden, um uns den Beweis zu liefern, daß eine solche Behandlung der Wissenschaft nicht bloß möglich, sondern auch praktisch durchführbar ist. Diese Elementarbücher sollten in keiner Volksbibliothek fehlen zc."

(Gegenwart Nr. 48. 1877.)